सत्य नडेला

माइक्रोसॉफ्ट का बदलता चेहरा

सत्य नडेला

माइक्रोसॉफ्ट का बदलता चेहरा

जगमोहन एस. भानवेर

प्रभात
पेपरबैक्स
www.prabhatbooks.com

Microsoft और अन्य ब्रांड जिनका उल्लेख इस पुस्तक में किया गया है, वे Microsoft व संबंधित कंपनियों के अधिकृत ट्रेडमार्क हैं और उनकी कंपनी ही इन लोगो और ब्रांड की असली स्वामी है।

प्रकाशक

प्रभात पेपरबैक्स

4/19 आसफ अली रोड, नई दिल्ली-110002

फोन : 23289777 • हेल्पलाइन नं. : 7827007777

इ-मेल : prabhatbooks@gmail.com ❖ वेब ठिकाना : www.prabhatbooks.com

संस्करण

प्रथम, 2018

मूल्य

एक सौ पचास रुपए

अनुवाद

प्रणय कुमार सुमन

अ.मा.पु.स. 978-93-5266-699-7

मुद्रक

आर-टेक ऑफसेट प्रिंटर्स, दिल्ली

★

SATYA NADELLA : Microsoft Ka Badalta Chehra
by Jagmohan S. Bhanver
(Hindi translation of 'NADELLA : The Changing Face of Microsoft')

Published by **PRABHAT PAPERBACKS**
4/19 Asaf Ali Road, New Delhi-110002
by arrangement with Hachette Book Publishing India Pvt. Ltd.

ISBN 978-93-5266-699-7

₹ 150.00

परिचय

हैदराबाद के सत्य नडेला को 4 फरवरी, 2014 को विशाल प्रौद्योगिकी कंपनी 'माइक्रोसॉफ्ट' का तीसरा मुख्य कार्यकारी अधिकारी (सी.ई.ओ.) नियुक्त किया गया। तभी से उनके बारे में अपार जिज्ञासा है, अनुमान है और अपेक्षा है। हो भी क्यों नहीं, आखिरकार उन्हें दुनिया की चौथी सबसे बड़ी कंपनी का नेतृत्व करने का दायित्व जो सौंपा गया है।

पिछले कुछ समय में उपभोक्ताओं के मन में 'माइक्रोसॉफ्ट' की छवि गिर गई थी। कुछ तो यहाँ तक कहने लगे थे कि जिस कंपनी ने कभी 'विंडोज' एवं 'ऑफिस' हमें दिया और जो कभी इंटरनेट क्रांति का अगुआ थी, उसने नई खोज करने की योग्यता खो दी है, लेकिन हाल की घटनाओं ने इस विशाल प्रौद्योगिकी कंपनी की वापसी करने की क्षमता और प्रकृति को दिखाया है—चाहे अपने गेमिंग प्लेटफॉर्म्स के जरिए हो, अपने क्लाउड सर्विसेज के जरिए हो या काफी तारीफें बटोरनेवाली स्मार्ट फोन क्षमताओं के जरिए हो। नडेला इन घटनाक्रमों के अग्रिम मोर्चों पर रहे हैं और उनकी नियुक्ति (सी.ई.ओ. के रूप में) के साथ हर कोई 'माइक्रोसॉफ्ट' के सिएटल स्थित मुख्यालय की घटनाओं पर पैनी नजर रख रहा होगा। 'माइक्रोसॉफ्ट' अभी भी तकनीकी खोज की दुनिया में विश्व नेतृत्व कर सकता है, लेकिन क्या वह सत्य नडेला होंगे,

जो कंपनी को उस मुकाम पर लेकर जाएँगे?

नडेला विरले ही सार्वजनिक शख्सियत रहे और हाल तक उन्होंने नेतृत्व करने की क्षमता का प्रदर्शन भी नहीं किया था। दरअसल, अभी भी हम उनके बारे में बहुत कम जानते हैं। उस शख्स को क्या चीज प्रेरित करती है, जिसे विशाल तकनीकी कंपनी 'माइक्रोसॉफ्ट' को भविष्य की राह पर आगे ले जाने का जिम्मा दिया गया है? 'माइक्रोसॉफ्ट' के हाल के इतिहास के मद्देनजर उनकी नियुक्ति के पीछे क्या कारक थे? नडेला की नियुक्ति 'माइक्रोसॉफ्ट' के लिए और पूरे तकनीकी उद्योग के लिए क्या उद्घोष करती है?

इन सवालों के जवाब जानने का मैंने प्रयास किया। मैं भाग्यशाली रहा कि मेरे पास शोध सहायकों की एक टीम थी, जिसने काफी मेहनत करके ऐसी सूचनाएँ जुटाईं, जो हमें नडेला के बारे में एक इनसान और एक पेशेवर के रूप में कुछ जानकारी दे सकती थीं। इसके लिए टीम ने भिन्न-भिन्न तरह के लोगों के विचार जाने—कुछ ऐसे, जो उन्हें वर्षों से जानते थे और कुछ ऐसे, जो उनके बारे में कयास लगाते थे। कुल मिलाकर वह एक ऐसे शख्स के रूप में उभरे, जिन्होंने तमाम चुनौतियों का सामना करने के लिए अपनी दृढ़ इच्छा-शक्ति का सहारा लिया है और अपने हथियार के तौर पर सतत सीखने के संकल्प को अपनाया है। साथ ही, उन्होंने अपने जीवन के विभिन्न चरणों में एक असाधारण, विचारशील और चतुर नेतृत्वकर्ता के गुणों का प्रदर्शन किया है।

नडेला की नियुक्ति हालाँकि, कहानी की बस शुरुआत है। आनेवाले महीने और साल वाकई अहम और रोचक होंगे। देखनेवाली बात होगी कि अब 'माइक्रोसॉफ्ट' कंपनी क्या दिशा लेती है और क्या नडेला अपनी पिछली उपलब्धियों से आगे बढ़ेंगे और 'माइक्रोसॉफ्ट' को शिखर पर लेकर जाएँगे? 'माइक्रोसॉफ्ट' के सी.ई.ओ. के रूप में उनके दौर

के शुरुआती संकेतों पर गौर करें तो आश्वस्त हुआ जा सकता है कि कभी सिरमौर रही विशाल तकनीकी कंपनी अच्छे हाथों में है। हालाँकि जैसी कि लोकप्रिय कहावत है, सिर्फ वक्त ही बताएगा। इस बीच यह पुस्तक सत्य नडेला की शख्सियत और उनके पेशेवर अंदाज को समझने का प्रयास करती है और तकनीकी विकास के भविष्य के लिए उनकी नियुक्ति के क्या मायने हैं, इसे भी रेखांकित करने की कोशिश करती है।

अनुक्रम

भाग–1

सीखनेवाला

'मैं एक सीखनेवाला हूँ। जो मुझे उत्साहित करती है, वह है कि मैं कुछ सीख रहा हूँ। मैं किसी क्षेत्र के बारे में सीख सकता हूँ। मैं कुछ बातें लोगों से सीख सकता हूँ। मैं चीजों को अलग ढंग से करके कुछ बातें सीख सकता हूँ और मैं अन्य लोगों में भी इसकी प्रशंसा करता हूँ कि मैं मूलत: यह यकीन करता हूँ कि अगर आप नई चीजें नहीं सीख रहे हैं तो आप महान् और उपयोगी चीजें करने से रुक जाते हैं।'[1]

❖ ❖ ❖

सत्य नडेला का जन्म अनंतपुर जिले के एक तेलुगु परिवार में हैदराबाद में हुआ था। उनके पिता बी.एन. युगंधर एक आई.ए.एस. अफसर थे, जो खुद ही एक पेशेवर थे और जिनका शानदार कॅरियर रहा था। वह प्रधानमंत्री मनमोहन सिंह के मातहत वर्ष 2004 से 2009 के बीच योजना आयोग के सदस्य रहे थे और अन्य बातों के अलावा उन्होंने गरीबी उन्मूलन, ग्रामीण विकास से जुड़ी परियोजनाओं और सुरक्षा कार्यक्रमों पर व्यापक कार्य किए थे। युगंधर हैदराबाद में सब-डिविजनल मजिस्ट्रेट थे। तभी वर्ष 1967 में सत्य नडेला का जन्म हुआ।

1. www.microsoft.com/en-us/news/ceo

बाद में युगंधर हैदराबाद के जिला मजिस्ट्रेट भी बने।

युगंधर और सत्या की माँ प्रभावती युगंधर की शांत-चित्तता इस मौन में स्पष्ट है जो उन्होंने अपने 46 वर्षीय बेटे की विपुल सफलता के समाचारों को संभालने में दिखाया था। 'माइक्रोसॉफ्ट' में अपने ऊँचा उठा दी गई हैसियत के लिए स्वयं नडेला की प्रतिक्रिया भी अपने माता-पिता से अलग नहीं थी।

सीखने के शुरुआती वर्ष

नडेला की जानी-मानी 'सतत सीखने की प्रवृत्ति' के पहले चरण की शुरुआत हैदराबाद पब्लिक स्कूल में हुई।

हैदराबाद पब्लिक स्कूल की स्थापना सन् 1923 में हुई थी और उन दिनों इसे 'जागीरदार कॉलेज' के रूप में जाना जाता था। 'जागीरदार' का ओहदा प्रदेश विशेष के राजा या शासक द्वारा वरिष्ठ सामंतों को उनकी सेवाओं की मान्यता के प्रतीक के तौर पर दिया जाता था।

हैदराबाद पब्लिक स्कूल की स्थापना सन् 1923 में हुई थी और उन दिनों इसे 'जागीरदार कॉलेज' के रूप में जाना जाता था। 'जागीरदार' का ओहदा प्रदेश विशेष के राजा या शासक द्वारा वरिष्ठ सामंतों को उनकी सेवाओं की मान्यता के प्रतीक के तौर पर दिया जाता था। एक जागीरदार राजा के दरबार में आमतौर पर मंत्री हुआ करता था और जहाँ तक उसकी जागीर होती थी, वहाँ का वह व्यावहारिक रूप से शासक होता था। वह उन लोगों पर कर लगा सकता था, जो उसकी जमीन पर रहते थे या काम करते थे। जागीरदार को राजा द्वारा न्यायिक दंडाधिकार भी प्रदान किए जाते थे। जागीर

आवंटित करने की प्रणाली की शुरुआत हालाँकि तेरहवीं सदी में ही हो गई थी, लेकिन इसका प्रचलन और इसको मान्यता मुगल बादशाह अकबर के दौर में मिली।

बाद में इस प्रणाली को कई अन्य शासकों ने भी अपनाया और फिर ब्रिटिश ईस्ट इंडिया कंपनी ने भी इसे जारी रखा। अंग्रेज-शासित भारत में जब सन् 1923 में जागीरदार कॉलेज की स्थापना हुई तो इस संस्थान में सिर्फ जागीरदारों और अन्य कुलीन लोगों के बच्चों को ही दाखिला मिलता था। आजादी के बाद भारत ने जागीरदारी प्रथा को समाप्त कर दिया और एक साल बाद हैदराबाद के बेगमपेट स्थित जागीरदार कॉलेज का नाम 'हैदराबाद पब्लिक स्कूल' या 'एच.पी.एस.' कर दिया गया और आज यह इसी नाम से जाना जाता है। एच.पी.एस. 160 एकड़ के विशाल परिसर में फैला हुआ है और इसके भव्य भवन समकालीन एवं तत्कालीन कुतुब शाही शैली में बने हुए हैं। यह स्थापत्य शैली हैदराबाद में काफी पाई जाती है।

आजादी के बाद भारत ने जागीरदारी प्रथा को समाप्त कर दिया और एक साल बाद हैदराबाद के बेगमपेट स्थित जागीरदार कॉलेज का नाम 'हैदराबाद पब्लिक स्कूल' या 'एच.पी.एस.' कर दिया गया और आज यह इसी नाम से जाना जाता है।

एच.पी.एस. के बारे में उल्लेखनीय तथ्य यह है कि वैसे तो यह सिर्फ कुलीन वर्गों के बच्चों की शिक्षा के लिए अस्तित्व में लाया गया था, लेकिन इस स्कूल से निकली मिसालों में वे शामिल थे, जो वास्तव में नियमित परिवारों के बच्चे थे और उन परिवारों का संभ्रांत वर्ग से बेहद कम या कोई लेना-देना नहीं था। सत्य नडेला इस वर्ग से कोई पहला आदमी नहीं थे, जो एच.पी.एस. के पवित्र प्रवेश द्वार से उत्तीर्ण होकर

निकले थे। एडोब सिस्टम्स के सी.ई.ओ. शांतनु नारायण, आंध्र प्रदेश के सोलहवें मुख्यमंत्री एन.के.के. रेड्डी, मशहूर पत्रकार व क्रिकेट कमेंट्रेटर हर्ष भोगले, कोबरा बीयर के चेयरमैन बैरोन विलिमोरिया और नामी गजल गायक तलत अजीज उस सूची के कुछ नाम हैं, जिन्होंने इस संस्थान से निकलकर श्रेष्ठ उपलब्धियाँ हासिल कीं।

एच.पी.एस. में नडेला का जीवन दो अनुभवों से प्रभावित रहा। पहला अनुभव तो अनुपमा नाम की लड़की थी, जो उनकी स्कूल की सहपाठी व दोस्त थी और जिसके साथ बाद में उनकी शादी हुई।

एच.पी.एस. में नडेला का जीवन दो अनुभवों से प्रभावित रहा। पहला अनुभव तो अनुपमा नाम की लड़की थी, जो उनकी स्कूल की सहपाठी व दोस्त थी और जिसके साथ बाद में उनकी शादी हुई। नडेला की तरह अनुपमा भी एक आई.ए.एस. अफसर की बेटी थीं। उनके पिता के.आर. वेणुगोपाल थे, जो नडेला के पिता बी.एन. युगंधर के सहपाठी थे। नडेला और अनुपमा के बीच स्कूल के दिनों से ही पक्की दोस्ती हो गई थी और अंततः वर्ष 1992 में शादी में परिणत हो गई।

दूसरा अनुभव अविश्वसनीय खेल क्रिकेट के प्रति तीव्र आकर्षण था, जिसके साथ अधिकतर भारतीय अपने आपको जोड़ना चाहेंगे। अपने अनेक साक्षात्कारों और संबोधनों में नडेला ने इस खेल के प्रति अपने लगाव को बार–बार अभिव्यक्त किया है। बड़े होने के दौर में यह उनके जुनूनों में से एक था। उन्होंने अपने स्कूल के लिए खेला, हालाँकि उन्होंने खुद स्वीकार किया है कि वह अपनी स्कूल टीम के सबसे उम्दा खिलाड़ियों में से नहीं थे। टीम में कई ऐसे खिलाड़ी थे, जो ज्यादातर बेहतर थे। बहरहाल, नडेला ने महज क्रिकेट कौशल सीखने के इस खेल

से कहीं ज्यादा सबक सीखा। जैसा कि उन्होंने अभिव्यक्त किया है, ''संभवत:, किसी भी अन्य बात से ज्यादा मैं सोचता हूँ कि एच.पी.एस. के लिए क्रिकेट खेलने से मैंने टीम में काम करना, नेतृत्व करने के गुण सीखे—और यह बात मेरे पूरे कॅरियर में मेरे साथ रही।''

'माइक्रोसॉफ्ट' के सी.ई.ओ. के रूप में नियुक्ति के बाद एडम ब्रायंट के साथ एक साक्षात्कार में, नडेला ने एच.पी.एस. में अपने क्रिकेट खेलने के दिनों के एक वाकये का जिक्र किया। नडेला गेंदबाजी कर रहे थे और स्कूल टीम के कप्तान ने गौर किया कि वह और बेहतर कर सकते थे। उन्होंने सत्या के बाद एक शानदार ओवर किया, जिससे उनकी टीम को जरूरी प्रोत्साहन मिला। तब सत्या चकित रह गए, जब कप्तान ने उनकी ओर गेंद फेंकी और एक बार फिर से गेंदबाजी करने को कहा। वह कहते हैं कि उनके दिमाग में ढेरों सवाल कौंधे। आखिर उन्होंने किस कारण ऐसा किया? क्या यही वह बात है, जिसे वे 'नेतृत्व' कहते हैं? साक्षात्कार में वह आगे कहते हैं, ''मैं उस घटना को कभी नहीं भूलूँगा। आज जब मैं टीमों का नेतृत्व करते हुए कई चीजें करता हूँ तो मैं इस तरह के सवालों पर मनन करता हूँ।''

नडेला गेंदबाजी कर रहे थे और स्कूल टीम के कप्तान ने गौर किया कि वह और बेहतर कर सकते थे। उन्होंने सत्या के बाद एक शानदार ओवर किया, जिससे उनकी टीम को जरूरी प्रोत्साहन मिला।

दिल से 'हैदराबादी'

नडेला के परिवार के नजदीकी लोग कहते हैं कि उन्हें अपने पिता के जींस मिले हैं। उनके पिता जिस तरह पुरानी समस्याओं के नए

समाधान हासिल करने के लिए लगातार लगे रहते थे, नडेला भी बेहद कड़ी मेहनत करनेवाले हैं और हमेशा लीक से हटकर सोचते हैं। बाप-बेटे में विनम्रता और साफगोई के आधारभूत गुण भी एक समान थे।

"मैं अभी भी हैदराबाद से गहराई से जुड़ा हुआ हूँ। '70 के दशक की शुरुआत में, जब मैं हैदराबाद में बड़ा हो रहा था, तब यह थोड़ा ज्यादा शांत और तनाव-मुक्त था और इससे आपको जीवन-यात्रा के संकीर्ण गलियारे में घिरने की चिंता किए बगैर चीजों को अलग ढंग से करने का वक्त मिलता है।"

जो जहाँ पलता-बढ़ता है, उसकी चिंतन प्रक्रियाओं और आचरण पर वहाँ का पर्याप्त असर होता है। नडेला भी इसके अपवाद नहीं दिखते और जिस शहर में वह पले-बढ़े, हमेशा अपने जीवन में उसके योगदान को लगातार स्वीकार करते हैं, "मैं अभी भी हैदराबाद से गहराई से जुड़ा हुआ हूँ। '70 के दशक की शुरुआत में, जब मैं हैदराबाद में बड़ा हो रहा था, तब यह थोड़ा ज्यादा शांत और तनाव-मुक्त था और इससे आपको जीवन-यात्रा के संकीर्ण गलियारे में घिरने की चिंता किए बगैर चीजों को अलग ढंग से करने का वक्त मिलता है।" एच.पी.एस. के उनके पूर्व सहपाठी उन्हें एक विनम्र, मृदुभाषी, शांतिप्रिय और मददगार व्यक्ति के रूप में याद करते हैं।

नडेला कोई पहले भारतीय नहीं हैं, जो विदेश गए हैं और एक उद्यमी या एक पेशेवर के रूप में बड़ी शख्सियत बने हैं। बहरहाल, बड़ी उपलब्धियाँ हासिल करनेवाले कई लोगों में हो सकता है कि वे अपनी सफलता के कारण भारत में अपनी जड़ों से कट गए हों, लेकिन इसके विपरीत, नडेला ने अपने जन्म के शहर और उस स्कूल से करीबी संबंध

बनाए रखा है, जिसने उनकी नींव रखी। उन्होंने इस बात का ध्यान रखा कि वह वर्ष 2013 में अपने स्कूल के 90वें वार्षिकोत्सव में शामिल होने के लिए हैदराबाद में रहे। इस समारोह में उन्होंने अपने दोस्तों के साथ अपने क्रिकेट के दिनों की यादों को साझा किया। उन्होंने कभी इस संस्थान की प्रमुख घटनाओं और कार्यक्रमों में शामिल होने के आमंत्रण को ठुकराया नहीं।

माइक्रोसॉफ्ट के रेडमंड हिल्स के अपने मुख्यालय के बाहर कंपनी का पहला विकास केंद्र हैदराबाद में स्थापित किया। अपने पूर्ववर्ती स्कूल में माइक्रोसॉफ्ट का 'आई स्पार्क रोबोटिक्स' प्रोग्राम शुरू करवाने में भी नडेला ही प्रमुख कारक रहे हैं।

इंजीनियर एवं अथक प्रश्नकर्ता

एच.पी.एस. से निकलने के बाद नडेला इलेक्ट्रॉनिक्स एवं कम्युनिकेशन में स्नातक की डिग्री हासिल करने के लिए मंगलौर चले गए। मणिपाल इंस्टीट्यूट ऑफ टेक्नोलॉजी (एम.आई.टी.) में उनके पूर्ववर्ती सहपाठी उनकी शांत और केंद्रित प्रवृत्ति के बारे में बात करना पसंद करते हैं।

कॉलेज के अधिकतर विद्यार्थी, हो सकता है कि इस बारे में निश्चित नहीं हों कि वह स्नातक करने के बाद क्या करना चाहते हैं, लेकिन ऐसा लगता है कि नडेला ने जब से एम.आई.टी. में दाखिला लिया, तभी से उन्हें पर्याप्त रूप से पता था कि वह किस दिशा में अपना कैरियर ले जाना चाहते हैं।

> **ऐसी कंपनी का नेतृत्व करनेवाले प्रसाद कहते हैं कि सत्य नडेला न केवल दोस्ताना शख्स थे, बल्कि जिन विषयों का वह अध्ययन करते थे, उनके प्रति जुनूनी थे और अत्यधिक प्रेरित थे।**

उनके एक सहपाठी गणेश प्रसाद हैं, जो अभी स्टार्ट-अप और विकास की चुनौतियों से जूझ रहे कारोबारियों की मदद करते हैं। ऐसी कंपनी का नेतृत्व करनेवाले प्रसाद कहते हैं कि सत्य नडेला न केवल दोस्ताना शख्स थे, बल्कि जिन विषयों का वह अध्ययन करते थे, उनके प्रति जुनूनी थे और अत्यधिक प्रेरित थे।

एम.आई.टी. में नडेला के एक प्रोफेसर हुआ करते थे—हरीशचंद्र हेब्बार, जो उन्हें डिजिटल इलेक्ट्रॉनिक्स पढ़ाते थे। उन्होंने बताया कि नडेला अथक प्रश्नकर्ता थे।

संस्थान के नंबर 8419218 (नडेला की पंजीकरण संख्या) के रिकॉर्ड दिखाते हैं कि वह प्रथम श्रेणी क्लास के विद्यार्थी थे, जिन्होंने डिस्टिंक्शन (विशिष्टता) हासिल की। वर्ष 1988 के बैच के विद्यार्थियों के रजत मिलन समारोह में नडेला एक हीरो थे।

प्रोफेसर विनोदपूर्वक कहते हैं, "अन्य सभी विद्यार्थी उसे चुपचाप सुनते थे, जो मैं पढ़ाता था; लेकिन नडेला ढेरों सवाल पूछते थे—'ऐसा इस तरह क्यों है, हम इसे इस तरह से क्यों नहीं कर सकते हैं? कभी-कभी ऐसा लगता था कि वह बस मेरे धैर्य को परख रहे हैं।"[2]

संस्थान के नंबर 8419218 (नडेला की पंजीकरण संख्या) के रिकॉर्ड दिखाते हैं कि वह प्रथम श्रेणी क्लास के विद्यार्थी थे, जिन्होंने डिस्टिंक्शन (विशिष्टता) हासिल की। वर्ष 1988 के बैच के विद्यार्थियों के रजत मिलन समारोह में नडेला एक हीरो थे। वह समारोह दिसंबर 2013 में मणिपाल में आयोजित किया गया था। माइक्रोसॉफ्ट में उनकी अतिशय सफलता ने एम.आई.टी. में उन्हें जीवित किंवदंती बना दिया था।

2. 'Satya Nadella–from a curius student to Microsoft CEO', 18 NLIVE.Com

अमेरिका जाना

नडेला खुद कहते हैं, "मैं हमेशा चीजें बनाना चाहता था।"[3]

नडेला जानते थे कि वह कंप्यूटर साइंस के क्षेत्र में काम करना चाहते हैं। मगर उस वक्त वह मणिपाल में एक छात्र थे, जहाँ विश्वविद्यालय द्वारा इस कोर्स पर जोर नहीं दिया जाता था। इसलिए उन्होंने इलेक्ट्रॉनिक्स एवं कम्युनिकेशन में ग्रेजुएशन (स्नातक) किया और फिर मंगलौर से अमेरिका आ गए, जहाँ उन्होंने मिल्वाउकी स्थित यूनिवर्सिटी ऑफ विस्कॉन्सिन (यू.डब्ल्यू.एम.) से कंप्यूटर साइंस में एम.एस. किया। उन दिनों यू.डब्ल्यू.एम. के इंजीनियरिंग प्रोग्राम काफी भारतीय विद्यार्थियों को आकर्षित करते थे।

> नडेला बहुत समर्पित और कड़ी मेहनत करनेवाले थे और कंप्यूटर प्रयोगशालाओं में काफी वक्त बिताते थे। एक दिन जब मैं अपनी शोध प्रयोगशाला में गया तो मैंने फर्श पर एक स्लीपिंग बैग पड़ा देखा। मैं काफी चकित हुआ कि वहाँ बैग क्या कर रहा है। और मैंने बाद में पाया कि सत्या वहाँ कई रातों से सो रहे हैं ताकि वह अपना शोध पूरा कर सकें।

यू.डब्ल्यू.एम. में वर्ष 1987 से 2002 तक के. वैरावन इलेक्ट्रिकल इंजीनियरिंग एवं कंप्यूटर साइंस विभाग में कंप्यूटर साइंस के प्रमुख थे। उस अवधि के दौरान ही नडेला ने इस विश्वविद्यालय में अध्ययन किया। आज वैरावन से पूछें कि क्या वह नडेला की उपलब्धियों से चकित हैं, तो वह सिर हिलाते हुए संकेत देते हैं कि कतई नहीं। वह कहते हैं, "नडेला बहुत

3. 'Chicago ooth Alum Satya Nadella takes helm of Microsoft'.– Vchicago News 4 February 2014

समर्पित और कड़ी मेहनत करनेवाले थे और कंप्यूटर प्रयोगशालाओं में काफी वक्त बिताते थे। एक दिन जब मैं अपनी शोध प्रयोगशाला में गया तो मैंने फर्श पर एक स्लीपिंग बैग पड़ा देखा। मैं काफी चकित हुआ कि वहाँ बैग क्या कर रहा है। और मैंने बाद में पाया कि सत्या वहाँ कई रातों से सो रहे हैं ताकि वह अपना शोध पूरा कर सकें।''

नडेला ने यू.डब्ल्यू.एम. में वर्ष 1990 में अपना अध्ययन पूरा किया और 'सन माइक्रोसिस्टम्स' के शिकागो स्थित ऑफिस में काम करने लगे। वह उनकी टेक्नोलॉजी टीम में काम करते थे।

नडेला ने यू.डब्ल्यू.एम. में वर्ष 1990 में अपना अध्ययन पूरा किया और 'सन माइक्रोसिस्टम्स' के शिकागो स्थित ऑफिस में काम करने लगे। वह उनकी टेक्नोलॉजी टीम में काम करते थे।

बहरहाल, एच.पी.एस. और एम.आई.टी. की तरह यू.डब्ल्यू.एम. में भी उनकी कहानी अभी जीवित है। अमेरिकी और अंतरराष्ट्रीय विद्यार्थी उस शख्स के बारे में गर्व महसूस करते हैं, जिन्होंने उनके संस्थान का नाम ऊँचा किया, सम्मान प्रदान किया।

जैसा कि यू.डब्ल्यू.एम. के प्रोफेसर होसेन होसेनी नडेला की कड़ी मेहनत करने की क्षमता के संदर्भ में कहते हैं, वह चाहते हैं कि विद्यार्थी नडेला की ओर देखें और महसूस करें—'अगर मैं वह करूँगा तो मैं सफल होऊँगा।' इससे बेहतर प्रशंसा और कोई हो नहीं सकती।

दीर्घकालिक लक्ष्यों में सक्रिय भागीदारी

नडेला सिएटल में वर्ष 1992 में 'माइक्रोसॉफ्ट' में नौकरी शुरू करने के पहले शिकागो में 'सन माइक्रोसिस्टम्स' के साथ काम कर चुके

थे। वह तब तक शिकागो विश्वविद्यालय के बूथ स्कूल ऑफ बिजनेस के एम.बी.ए. प्रोग्राम में पंजीकरण करा चुके थे। इस बात ने उनके दिमाग में सवाल जरूर खड़ा किया होगा, 'मैं सिएटल में 'माइक्रोसॉफ्ट' के प्रस्ताव को स्वीकार करूँ या शिकागो में एम.बी.ए. करना जारी रखूँ?' सत्या ने इस सवाल का जवाब दोनों काम करके दिया। हफ्ते के कामकाजी दिनों को वह 'माइक्रोसॉफ्ट' के ऑफिस में बिताते थे, जबकि शुक्रवार की रात को हवाई जहाज से रेडमंड से शिकागो चले जाते थे, जहाँ वह सप्ताहांत में बूथ स्कूल ऑफ बिजनेस में पढ़ाई करते थे।

हफ्ते के कामकाजी दिनों को वह 'माइक्रोसॉफ्ट' के ऑफिस में बिताते थे, जबकि शुक्रवार की रात को हवाई जहाज से रेडमंड से शिकागो चले जाते थे, जहाँ वह सप्ताहांत में बूथ स्कूल ऑफ बिजनेस में पढ़ाई करते थे।

नडेला ने बूथ में वर्ष 1997 में एक्जीक्यूटिव एम.बी.ए. प्रोग्राम पूरा किया। दो साल से भी ज्यादा समय तक हरेक सप्ताहांत में क्लास जाने के लिए एक खास स्तर की प्रेरणा और दृढ़ता की जरूरत होती है। यहाँ यह भी ध्यान रखें कि हफ्ते भर उन्हें अपने 'माइक्रोसॉफ्ट' के ऑफिस में काम करना पड़ता था और फिर उन्हें वे जिम्मेदारियाँ भी उठानी पड़ती थीं, क्योंकि हाल में ही उनकी शादी हुई थी। कुछेक लोग ही इस तरह के दबाव को झेलते हुए सफल हो सकते हैं—और नडेला उनमें से एक थे।

बूथ में उनकी प्रिय कक्षाओं में मानद प्रोफेसर मर्विन जोनिस द्वारा पढ़ाया जानेवाला नेतृत्व कोर्स और स्टीवन नील काप्लान द्वारा पढ़ाया जानेवाला उद्यम वित्त एवं प्राइवेट इक्विटी शेयर कोर्स शामिल थे। नडेला ने प्रो. काप्लान का कोर्स वर्ष 1996 में किया और इसमें काफी अच्छा

किया। प्रो. काप्लान मानते हैं कि जो विद्यार्थी कॅरियर के साथ-साथ बिजनेस मैनेजमेंट प्रोग्राम भी करते हैं, उनमें अलग तरह की खासियतें होती हैं। वह कहते हैं कि वह उन विद्यार्थियों को पसंद करते थे, जो सप्ताहांत के प्रोग्राम को करने के लिए दूसरी जगह से आते थे, क्योंकि ऐसे लोग समुचित रूप से प्रेरित होते थे।

'माइक्रोसॉफ्ट' के अगले सी.ई.ओ. के रूप में उनके नाम की घोषणा होने के कुछ महीने पहले नडेला बूथ स्कूल ऑफ बिजनेस में थे, जहाँ उन्होंने डीन सुनील कुमार से मुलाकात की और विद्यार्थियों के साथ भी कुछ वक्त बिताया।

स्वाभाविक रूप से, प्रोफेसरों के लिए यह भविष्यवाणी करना कठिन है कि उनके विद्यार्थियों में से कोई सी.ई.ओ. या सुपर स्टार (महानायक) बनेगा या नहीं। प्रो. काप्लान इंगित करते हैं कि अन्य बातों के अलावा एक व्यक्ति के अंततः सफल होने में किस्मत की भी भूमिका होती है। बहरहाल, नडेला के मामले में यह साफ है कि उन्होंने 'माइक्रोसॉफ्ट' में नौकरी करने के साथ-साथ एम.बी.ए. पूरा करने में जिस दृढ़ निश्चय को दरशाया, उससे किस्मत ने भी उनका साथ दिया।

'माइक्रोसॉफ्ट' को आगे ले जाने की चुनौतियों का सामना करने में नडेला को इसी प्रकार की लगन और दृढ़ता की जरूरत होगी।

बैंकिंग का नुकसान, प्रौद्योगिकी का लाभ

'माइक्रोसॉफ्ट' के अगले सी.ई.ओ. के रूप में उनके नाम की घोषणा होने के कुछ महीने पहले नडेला बूथ स्कूल ऑफ बिजनेस में थे, जहाँ उन्होंने डीन सुनील कुमार से मुलाकात की और विद्यार्थियों के साथ भी कुछ वक्त बिताया।

अधिकतर लोग तब चकित रह गए, जब नडेला ने स्वीकारा कि बूथ में इन्वेस्टमेंट बैंकिंग की लाइन में आगे बढ़ने का मन बनाया था, लेकिन बाद में उन्होंने यह फैसला बदल लिया। हो सकता है कि माइक्रोसॉफ्ट कंपनी में अपने कैरियर की संभावनाओं को ध्यान में रखकर उन्होंने अपना विकल्प बदला हो।

नडेला ने बैंकिंग की बजाय टेक्नोलॉजी को क्यों चुना, इसका जवाब तब साफ हो गया, जब उन्होंने संस्थान के अपने हाल के दौरे के दौरान विद्यार्थियों के लिए कुछ चीजों की अनुशंसा की।

वैसे, नडेला ने बूथ में विद्यार्थियों के सामने स्वीकार किया कि वह नहीं सोचते हैं कि इन्वेस्टमेंट बैंकिंग में कॅरियर उनके जुनून के अनुरूप होता।

नडेला ने बैंकिंग की बजाय टेक्नोलॉजी को क्यों चुना, इसका जवाब तब साफ हो गया, जब उन्होंने संस्थान के अपने हाल के दौरे के दौरान विद्यार्थियों के लिए कुछ चीजों की अनुशंसा की। उन्होंने उन्हें प्रोत्साहित किया कि वे अपनी निजी 'महाशक्ति' (सुपर पॉवर) खोजें, कड़ी मेहनत को अपनाएँ और खुद से पूछें कि अधिकतम प्रभाव पैदा करने के लिए वह कहाँ अपनी ताकतों का इस्तेमाल कर सकते हैं। उन्होंने विद्यार्थियों से दीर्घकालिक लक्ष्यों में सक्रिय भागीदारी के लिए कहा। संभवत: वह अपने दिमाग में इस अवचेतन तर्क का संकेत दे रहे थे कि उन्होंने पहले एक शहर में एम.बी.ए. की डिग्री हासिल की और साथ-ही-साथ दूसरे शहर में नौकरी भी की, लेकिन फिर अपनी किस्मत को टेक्नोलॉजी की बहती हवा के हवाले कर दिया।

□

भाग-2

उपलब्धि हासिल करनेवाला

'कई कंपनियाँ दुनिया को बदलने की आकांक्षा रखती हैं, लेकिन इनमें से बहुत कम के पास इसके लिए आवश्यक प्रतिभा, संसाधन और दृढ़ निश्चय जैसे तमाम तत्व होते हैं। 'माइक्रोसॉफ्ट' ने साबित किया है कि उसके पास ये तीनों ही तत्व प्रचुरता में हैं।'[4]

❖ ❖ ❖

'90 के दशक की शुरुआत में टेक्नोलॉजी क्षेत्र में विकास

नडेला ने वर्ष 1992 में 'माइक्रोसॉफ्ट' में विंडोज डेवेलपर रिलेशंस ग्रुप में एक प्रोग्राम मैनेजर के रूप में नियुक्ति पाई।

उस वक्त विशाल आई.टी. कंपनी एक ऑपरेटिंग सिस्टम बना रही थी, जिसे बाद में विंडोज एन. टी. (Windows NT) के रूप में जाना गया और इस काम के लिए कंपनी को ऐसे टीम सदस्यों की जरूरत थी, जो यूनिक्स (यू.एन.आई.एक्स) और 32 बिट ऑपरेटिंग सिस्टम को समझते हों।

'माइक्रोसॉफ्ट' का विंडोज एन.टी. ऑपरेटिंग सिस्टम की एक इकाई है। एन.टी. का पहला संस्करण वर्ष 1993 में पेश किया गया।

4. www.microsoft.com/en-us/news/ceo

विपणन के उद्देश्य से एन.टी. को बढ़ाकर 'न्यू टेक्नोलॉजी' (नई प्रौद्योगिकी) के रूप में प्रस्तुत किया गया। बहरहाल, बाद के दिनों में इसका कोई विशेष अर्थ नहीं रह गया। माना गया कि एन.टी. विंडोज के उपभोक्ता संस्करणों में सामंजस्य स्थापित करेगा, जो विंडोज एम.एस.-डॉस (माइक्रोसॉफ्ट डिस्क ऑपरेटिंग सिस्टम) पर आधारित थे। हालाँकि एन.टी. विंडोज के 32 बिट संस्करण का प्रथम वंशानुक्रम था, लेकिन यह उपभोक्ता-उन्मुखी प्रतिरूप-विंडो 3.1 एक्स और विंडो 9 एक्स 16 बिट/32 बिट—का मिश्रित रूप था। विंडोज 2000 और इसके बाद के संस्करण विंडोज एन.टी. से ही संबंध रखते थे, हालाँकि वे विंडोज एन.टी. ब्रांड नाम को अपने साथ नहीं लगाते थे।

एन.टी. विंडोज के उपभोक्ता संस्करणों में सामंजस्य स्थापित करेगा, जो विंडोज एम.एस.-डॉस (माइक्रोसॉफ्ट डिस्क ऑपरेटिंग सिस्टम) पर आधारित थे। हालाँकि एन.टी. विंडोज के 32 बिट संस्करण का प्रथम वंशानुक्रम था, लेकिन यह उपभोक्ता-उन्मुखी प्रतिरूप-विंडो 3.1 एक्स और विंडो 9 एक्स 16 बिट/32 बिट—का मिश्रित रूप था।

दिलचस्प है कि एन.टी. को 'माइक्रोसॉफ्ट' और 'आई.बी.एम.' द्वारा संयुक्त रूप से विकसित किए जाने की मंशा थी। बहरहाल, प्राथमिक ए.पी.आई. (एप्लीकेशन प्रोग्रामिंग इंटरफेस) के विशेष पहलुओं को लेकर दोनों कंपनियों के बीच कुछ मसले थे। मतभेद नहीं सुलझने से 'माइक्रोसॉफ्ट' और 'आई.बी.एम.' के बीच तनाव पैदा हो गया और अंततः सहभागिता टूट गई थी। 'आई.बी.एम.' अपने स्तर पर ओएस/2 का विकास जारी रखा था, जबकि 'माइक्रोसॉफ्ट' ने फिर से नामित किए

गए नए विंडोज एन.टी. पर काम जारी रखा। हालाँकि इनमें से कोई भी ऑपरेटिंग सिस्टम तुरंत उतना लोकप्रिय नहीं होने वाला था, जितना कि 'माइक्रोसॉफ्ट' का एम.एस.-डॉस या विंडोज उत्पाद लोकप्रिय थे, लेकिन विंडोज एन.टी. अंततः ओएस/2 से ज्यादा सफल होने वाला था।

हालाँकि नडेला 'माइक्रोसॉफ्ट' में विंडोज एन.टी. के युग में अपनी छाप छोड़ रहे थे, लेकिन प्रौद्योगिकी उद्योग में अन्य कंपनियाँ भी सुस्त नहीं बैठी हुई थीं।

इस वक्त एप्पल इंक एक पर्सनल डिजिटल असिस्टेंट (पी.डी.ए.) न्यूटन प्लेटफॉर्म पर काम कर रहा था। हालाँकि इस प्लेटफॉर्म पर काम की शुरुआत वर्ष 1987 में ही हो गई थी, लेकिन न्यूटन प्रोजेक्ट शुरू से कई समस्याओं से घिरा रहा। इस प्रोजेक्ट के लिए शुरुआती दृष्टि पर्सनल कंप्यूटिंग (मशीन) की फिर से रचना करना थी और पूरक लक्ष्य समकालीन अनुप्रयोग कार्यक्रम-निर्माण (एप्लीकेशन प्रोग्रामिंग) को फिर से लिखना था। यह प्रोजेक्ट अन्य मसलों से भी घिरा रहा। प्रोजेक्ट पूरा करने की तारीख बार-बार टल रही थी और कुछ लोगों को यह चिंता भी सता रही थी कि इसका मैकिनटोश की बिक्री पर प्रतिकूल असर पड़ सकता है। सबसे बढ़िया विकल्प यह लगा कि इस बिल्कुल अलग मशीन से बचा जाए, क्योंकि यह मैकिनटोश में दखल दे सकती थी। और इसका पी.डी.ए. प्लेटफॉर्म के रूप में इस तरह से पुनर्गठन किया गया था कि यह मैकिनटोश के पूरक बाह्य-उपकरण की

'एप्पल' ने वर्ष 1992 के प्रथमार्द्ध में एच.1000 मैसेज पैड की घोषणा की। इसे वर्ष 1993 में जारी किया गया और इसमें 'नोट्स' और अंतर्निहित 'हस्त-लेखन पहचान' जैसे कई फीचर्स और एप्लीकेशंस शामिल थे।

तरह काम करे। 'एप्पल' ने वर्ष 1992 के प्रथमार्द्ध में एच.1000 मैसेज पैड की घोषणा की। इसे वर्ष 1993 में जारी किया गया और इसमें 'नोट्स' और अंतर्निहित 'हस्त-लेखन पहचान' जैसे कई फीचर्स और एप्लीकेशंस शामिल थे। बहरहाल, इस उत्पाद के साथ कई मसले खड़े हो गए। उदाहरणार्थ, लिखावट को कंप्यूटर की भाषा में बदलने की क्षमता उतनी प्रभावी और सटीक नहीं थी, जिससे इस प्रोडक्ट (उत्पाद) की क्षमता ही सीमित हो गई। फिर एल.सी.डी. स्क्रीन का कंट्रास्ट भी खराब था यानी साफ-साफ दिखता नहीं था।

विफलताओं के दौर से गुजरने के बाद 'एप्पल' ने बड़ी सफलताएँ हासिल कीं और टेक्नोलॉजी की दौड़ में दो चुनिंदा क्षेत्रों में बड़ी दावेदार कंपनी बन गई।

लेकिन यह तो शुरुआत थी। प्रारंभिक समस्याएँ और रह-रहकर आ रही थीं। विफलताओं के दौर से गुजरने के बाद 'एप्पल' ने बड़ी सफलताएँ हासिल कीं और टेक्नोलॉजी की दौड़ में दो चुनिंदा क्षेत्रों में बड़ी दावेदार कंपनी बन गई। ये दो क्षेत्र हैं—मोबाइल और क्लाउड सर्विस। नडेला ने 'माइक्रोसॉफ्ट' के लिए इन्हीं दो क्षेत्रों को अपनी प्राथमिकता बनाया है।

नडेला के 'माइक्रोसॉफ्ट' में नौकरी शुरू करने के साल भर पहले एक और घटना घटी, जिसका असर न सिर्फ 'माइक्रोसॉफ्ट' पर बल्कि पूरी दुनिया पर हुआ। नडेला खुद बाद के वर्षों में इस क्षेत्र में हुए विकास से प्रभावित हुए। 6 अगस्त, 1991 को वर्ल्ड वाइब वेब (www) सार्वजनिक रूप से उपलब्ध हो गया। हालाँकि, वर्ल्ड वाइड वेब की नींव परमाणु शोध के यूरोपीय संगठन सी.ई.आर.एन. में 1980 के दशक में टिम बर्नर्स-ली द्वारा किए गए कामों से पड़ी थी, लेकिन बाद में इसका विस्तार एक ज्यादा व्यापक प्रस्ताव के रूप में किया गया और यह

था—हाइपर टेक्स्ट लिंक्स से जुड़े दस्तावेजों का एक वर्ल्ड वाइड वेब (विश्व व्यापी संजाल)। शुरुआत में 'द माइन ऑफ इन्फॉर्मेशन' (सूचना की खान) और 'द इन्फॉर्मेशन मेश' (सूचना जाल) जैसे नाम रखने के सुझाव आए, लेकिन अंतिम विकल्प 'वर्ल्ड वाइड वेब' ही बना। बाद में, बर्नर्स ली उस फर्म द्वारा निर्मित कंप्यूटर पर काम कर रहे थे, जिसे स्टीव जॉब्स ने '80 के दशक के मध्य में 'एप्पल' से निकलने के बाद शुरू किया था। इस फर्म का नाम था, नेक्स्ट (NEXT) और इसी फर्म द्वारा बनाए गए कंप्यूटर पर बर्नर्स ली ने पहला वेब ब्राउजर सॉफ्टवेयर विकसित किया। आश्चर्य नहीं कि ब्राउजर को 'वर्ल्ड वाइड वेब' कहा गया और यह वर्ष 1991 के मध्य में दुनिया के लिए लाइव हो गया।

बर्नर्स ली उस फर्म द्वारा निर्मित कंप्यूटर पर काम कर रहे थे, जिसे स्टीव जॉब्स ने '80 के दशक के मध्य में 'एप्पल' से निकलने के बाद शुरू किया था। इस फर्म का नाम था, नेक्स्ट (NEXT) और इसी फर्म द्वारा बनाए गए कंप्यूटर पर बर्नर्स ली ने पहला वेब ब्राउजर सॉफ्टवेयर विकसित किया।

सन् 1993 में सी.ई.आर.एन. ने घोषणा की कि वर्ल्ड वाइड वेब का उपयोग हर कोई निःशुल्क कर सकता है और उसे विकसित कर सकता है। शुरुआती सालों में जो ब्राउजर एप्लीकेशन विकसित किए गए, उनमें से मोजैक (Mosaic) संभवतः सबसे प्रभावशाली था। जारी किए जाने के बाद, 'वर्ल्ड वाइब वेब' यूनिक्स, कोमोडोर, एमिगा, विंडोज और मैकिनटोश ऑपरेटिंग सिस्टम्स के लिए उपलब्ध था। प्रथम निःशुल्क उपलब्ध ब्राउजर के रूप में मोजैक ने पहले व्यावसायिक ब्राउजर नेटस्केप नैविगेटर (Netscape Navigator) को प्रेरित

किया। इसी समय मोजैक की टेक्नोलॉजी माइक्रोसॉफ्ट के 'इंटरनेट एक्सप्लोरर' का आधार बनी।

सन् 1997 में, लगभग जिस समय नडेला ने एम.बी.ए. एग्जीक्यूटिव प्रोग्राम पूरा किया था, लैरी और सर्गेइ ने गूगल डॉट काम (google.com) का एक डोमेन के रूप में पंजीकरण कराया। जिस नाम को उन्होंने चुना, वह 'गूगोल' (googol) से प्रेरित था।

नडेला के 'माइक्रोसॉफ्ट' में आने के करीब तीन साल बाद, स्टैनफोर्ड में दो अन्य शख्सियतों की मुलाकात हुई और दुनिया को आज हम जिस रूप में जानते हैं, उस पर इन दोनों के कार्य का गहरा असर पड़ा। यह साल था 1995 और सर्गेइ ब्रिन को यह जिम्मेदारी दी गई कि वह लैरी पेज को स्टैनफोर्ड का कैंपस दिखाएँ। अगले ही साल दोनों ने आपसी सहयोग से एक सर्च इंजन विकसित किया, जिसे बैकरब (Back Rub) कहा गया। सन् 1997 में, लगभग जिस समय नडेला ने एम.बी.ए. एग्जीक्यूटिव प्रोग्राम पूरा किया था, लैरी और सर्गेइ ने गूगल डॉट काम (google.com) का एक डोमेन के रूप में पंजीकरण कराया। जिस नाम को उन्होंने चुना, वह 'गूगोल' (googol) से प्रेरित था। यह एक गणितीय शब्द है, जो संख्या 1 पर सौ शून्यों के लिए प्रयुक्त किया जाता है। डोमेन के नाम ने स्पष्ट कर दिया कि लैरी पेज और सर्गेइ ब्रिन का मिशन वेब पर अनंत सूचनाएँ संगठित करना है।

सन् 1994 में वॉल स्ट्रीट स्थित एक प्रसिद्ध फर्म के एक वाइस प्रेसीडेंट ने नौकरी छोड़ दी और वह अपनी कंपनी खोलने के लिए सिएटल आ गए। उस व्यक्ति का नाम जेफ बेजोस था और जो कंपनी उन्होंने बनाई, उसका नाम अमेजन डॉट कॉम (amazon.com) पड़ा। वेब

द्वारा प्रस्तुत अवसर का अधिकतम लाभ उठाने के लिए इच्छुक बेजोस ने अपनी नई कंपनी का नाम अमेजन नदी के नाम पर रखा। यह नदी दुनिया की सबसे लंबी और सबसे चौड़ी नदी मानी जाती है। शुरुआती दिनों में भी बेजोस की मंशा साफ थी। वह अमेजन को सबसे बड़ा ऑनलाइन स्टोर बनाना चाहते थे, जो उतना ही आकर्षक और भिन्न हो, जितनी कि अमेजन नदी है। सन् 1997 में जब नडेला ने औपचारिक रूप से अपनी एम.बी.ए. की डिग्री हासिल की और जब लैरी पेज ने गूगल डॉट कॉम का पंजीकरण कराया, तब जेफ बेजोस ने अपनी कंपनी का आई.पी.ओ. (इनीशियल पब्लिक ऑफरिंग) नैस्डेक (NASDAQ) पर 18 डॉलर प्रति शेयर की दर से जारी किया। आज जब क्लाउड कंप्यूटिंग सर्विसेज की बात आती है तो माइक्रोसॉफ्ट और सत्य नडेला को अमेजन कंपनी को एक प्रमुख दावेदार के रूप में समझने की जरूरत होगी।

सीढियाँ चढ़ना सीखने से तेजोमय उदय तक

नडेला जिस कारण माइक्रोसॉफ्ट में गए, वे उन उच्च क्षमताओंवाले लोगों से—जो पहले इस कंपनी में गए और जो आज भी इसमें जा रहे हैं—से भिन्न नहीं थे। इस किंवदंती बन चुके संगठन में जाने के लिए वह संभवत: इसलिए प्रेरित हुए कि वह टेक्नोलॉजी के जरिए दुनिया को बदलने की इच्छा रखते थे, ताकि लोग अद्भुत चीजें करने के लिए सशक्त हो सकें। अन्य लोग भी इसी भावना से प्रेरित थे।

'माइक्रोसॉफ्ट' में प्रोग्राम

> **'माइक्रोसॉफ्ट' में प्रोग्राम मैनेजर के रूप में नौकरी शुरू करने के बाद नडेला तेजी से कॉरपोरेट सीढ़ियाँ चढ़ते गए। यह वह वक्त था, जब 'माइक्रोसॉफ्ट' के संस्थापक सी.ई.ओ. बिल गेट्स कंपनी के शिखर पर थे।**

मैनेजर के रूप में नौकरी शुरू करने के बाद नडेला तेजी से कॉरपोरेट सीढ़ियाँ चढ़ते गए। यह वह वक्त था, जब 'माइक्रोसॉफ्ट' के संस्थापक सी.ई.ओ. बिल गेट्स कंपनी के शिखर पर थे। इसमें शक नहीं कि एक युवा आदमी के लिए एक ऐसे शख्स के इर्द-गिर्द काम करना वाकई उत्साहवर्धक और काफी प्रेरित करने वाला था, जिसकी दृष्टि ने दुनिया भर में करोड़ों घरों और कारोबारों को प्रभावित किया। नडेला ने अकसर कहा है कि जब उन्हें बिल गेट्स का पहला सीधा संदेश मिला तो उन्हें किस कदर घबराहट और प्रफुल्लता हुई थी। नडेला को 'माइक्रोसॉफ्ट' के चमत्कारी सी.ई.ओ. से एक इ-मेल मिला था, जिसमें उन्होंने नडेला द्वारा बनाए जा रहे एक प्रॉडक्ट (उत्पाद) से संबंधित फीचर के बारे में स्पष्ट प्रतिक्रिया जाहिर की थी। नडेला इस बात से रोमांचित थे कि गेट्स ने उन्हें सीधे लिखा। नडेला के अनुसार, उन्होंने पूरे सप्ताहांत गेट्स के इ-मेल का जवाब तैयार करने में बिताया।

नडेला का कॅरियर आगे बढ़ा। वह ऑनलाइन सर्विस डिवीजन के लिए शोध एवं विकास के वरिष्ठ उपाध्यक्ष बने और साथ ही 'माइक्रोसॉफ्ट बिजनेस सॉल्यूशंस' (एम.बी.एस.) ग्रुप के उपाध्यक्ष बने। इसके बाद वह 19 अरब डॉलर के 'माइक्रोसाफ्ट सर्वर एवं टूल्स बिजनेस' के अध्यक्ष बने। फिर वह कंपनी के क्लाउड एवं इंटरप्राइजेज ग्रुप के कार्यकारी उपाध्यक्ष बने। इसके तहत उन्हें कंपनी के कंप्यूटिंग प्लेटफॉर्म्स, डेवेलपर टूल्स एवं क्लाउड सर्विसेज तैयार करने और चलाने की जिम्मेदारी मिली।

प्रभाव पैदा करना

नडेला ने 'माइक्रोसॉफ्ट' के कुछ सर्वाधिक लाभकारी एवं उच्च विकासवाले कारोबारों में काम किया है, जिसमें ऑफिस और सर्वर एवं

टूल्स बिजनेस भी शामिल हैं। सी.ई.ओ. की भूमिका में आने के कुछ महीने पूर्व उन्होंने 'माइक्रोसॉफ्ट' के क्लाउड कंप्यूटिंग कारोबार का नेतृत्व किया। इस विशाल प्रौद्योगिकी कंपनी के लिए यह क्षेत्र अपेक्षाकृत नया था, क्योंकि उसने परंपरागत रूप से इंटरनेट से जुड़े रिमोट सर्वरों पर काम करने की बजाय निजी कंप्यूटरों में लगे सॉफ्टवेयर पर अपना ध्यान केंद्रित किया है।

नडेला ने 'माइक्रोसॉफ्ट' के कुछ सर्वाधिक लाभकारी एवं उच्च विकासवाले कारोबारों में काम किया है, जिसमें ऑफिस और सर्वर एवं टूल्स बिजनेस भी शामिल हैं। सी.ई.ओ. की भूमिका में आने के कुछ महीने पूर्व उन्होंने 'माइक्रोसॉफ्ट' के क्लाउड कंप्यूटिंग कारोबार का नेतृत्व किया।

नडेला और उनके कोर ग्रुप ने क्रमशः बाकी संगठन पर अपना प्रभाव छोड़ा है, चाहे लाभ में योगदान की बात हो या 'क्लाउड फर्स्ट' और 'मोबाइल फर्स्ट' की नींव रखने की बात हो। गार्टनर के विश्लेषक मर्व एड्रियन ने हाल में उल्लेख किया कि नडेला ने उत्पादों और सेवाओं के अभिनव प्रतिरूपों को प्रोत्साहित किया है—वह भी एक ऐसे वक्त में, जब 'माइक्रोसॉफ्ट' कंपनी इन नई चीजों को लाने में कुल मिलाकर धीमी और सुस्त थी।

नडेला ने माइक्रोसॉफ्ट के खास स्वामित्ववाले नजरिए को तोड़ने की भी इच्छा दरशाई है। उनके उभरते नेतृत्व के तहत कंपनी के क्लाउड प्रोडक्ट धीरे-धीरे खुल गए हैं, जो न केवल माइक्रोसॉफ्ट के सॉफ्टवेयर और सर्विसेज को सहयोग दे रहे हैं, बल्कि अन्य व्यापक कार्यभारों का भी साथ दे रहे हैं। कहते हैं कि क्लाउड में एस.क्यू.एल. (SQL) सर्वर जैसे उत्पादों को जोड़ने का जो आंतरिक विरोध हो रहा था, नडेला ने उस

पर विजय पाई है। बिंग (Bing) विंडोज एज्योर (Windows Azure) और एक्सबॉक्स लाइव (Xbox Live) जैसे उत्पादों को आगे बढ़ाने में नडेला ने पिछले कुछ वर्षों में गति और चपलता के संदर्भ में कई महत्त्वपूर्ण नर्व-प्रवर्तनों को नेतृत्व दिया है।

> **गूगल के सर्च इंजन को माइक्रोसॉफ्ट का जवाब है—बिंग। यह अनिवार्य रूप से माइक्रोसॉफ्ट की ओर से एक वेब सर्च इंजन है और नडेला की देख-रेख में स्टीव बामर युग के दौरान इसकी शुरुआत की गई थी।**

हालाँकि नडेला और उनकी टीम ने ऑफिस 365 (Office 365), स्काइप (Skype), डायनेमिक्स (Dyanamics) और वन ड्राइव (One Drive) जैसी क्लाउड सेवाओं को आगे बढ़ाने में बड़े पैमाने पर योगदान दिया है, लेकिन तीन खास उत्पादों—बिंग, एक्स बॉक्स लाइव और विंडोज एज्योर पर करीबी नजर डालना रोचक होगा।

बिंग : माइक्रोसॉफ्ट का सर्च इंजन

गूगल के सर्च इंजन को माइक्रोसॉफ्ट का जवाब है—बिंग। यह अनिवार्य रूप से माइक्रोसॉफ्ट की ओर से एक वेब सर्च इंजन है और नडेला की देख-रेख में स्टीव बामर युग के दौरान इसकी शुरुआत की गई थी। शुरुआत में नडेला ने बिंग के लिए शोध एवं विकास का काम किया, लेकिन अंततः बिंग का पूरा ऑपरेशन संचालित किया।

माइक्रोसॉफ्ट सर्च इंजनों की शुरुआत एम.एस.एन.(MSN) के साथ वर्ष 1998 में हुई थी। बिंग इस कड़ी में चौथा प्रतिरूप था। एम.एस. एन. कैलिफोर्निया स्थित एक अमेरिकी कंपनी के सर्च रिजल्ट का

इस्तेमाल करता था। यह कंपनी इंटरनेट सेवा प्रदाताओं (आई.एस.पी.) के लिए सॉफ्टवेयर प्रदान करती थी, जिसे 'इंक्टॉमी' (Inktomi) कहा जाता था। वर्ष 1999 की शुरुआत में एम.एस.एन. सर्च ने एक ऐसे प्रतिरूप की शुरुआत की, जो इंक्टॉमी के परिणामों के साथ-साथ लुकस्मार्ट (Looksmart) की सूचियाँ भी दिखाता था। थोड़े समय के लिए इसके बदले एल्टाविस्टा (AltaVista) के परिणामों का भी इस्तेमाल किया गया। तत्पश्चात् माइक्रोसॉफ्ट ने स्वनिर्मित सर्च इंजन के परिणामों को ही इस्तेमाल करने का फैसला किया। परिणामस्वरूप, एम.एस.एन. सर्च को उन्नत किया गया। वर्ष 2004 के उत्तरार्द्ध में एक बीटा प्रोग्राम के तौर पर शुरुआत की गई और वर्ष 2005 की शुरुआत में इसे जारी किया गया। एक तीसरे पक्ष पिकसर्च (Picsearch) ने इमेज सर्च को सँभाला। ज्यादा प्रतियोगी क्षमता पैदा करने के प्रयास में इस सर्विस ने अपने सर्च रिजल्ट को अन्य सर्च इंजन पोर्टलों को भी प्रदान करने का फैसला किया। इस कतार में अगला विंडोज लाइव सर्च (Windows Live Search) था, जिसे वर्ष 2006 में जारी किया गया। इस साल के अंत तक इसने एम.एस.एन. सर्च को विस्थापित कर दिया। विंडोज लाइव सर्च ने सर्च टैब्स का इस्तेमाल किया, जिनमें वेब, न्यूज, इमेज, म्यूजिक, डेस्कटॉप, लोकल और माइक्रोसॉफ्ट एन्कार्टा (Microsoft Encarta) शामिल थे। जब एम.एस.एन. सर्च को विंडोज लाइव सर्च द्वारा

ज्यादा प्रतियोगी क्षमता पैदा करने के प्रयास में इस सर्विस ने अपने सर्च रिजल्ट को अन्य सर्च इंजन पोर्टलों को भी प्रदान करने का फैसला किया। इस कतार में अगला विंडोज लाइव सर्च (Windows Live Search) था, जिसे वर्ष 2006 में जारी किया गया।

विस्थापित किया गया तो इससे जो बदलाव हुए, उनमें से एक यह था कि माइक्रोसॉफ्ट अब इमेज सर्च-प्रदाता के रूप में पिकसर्च का इस्तेमाल करने की बजाय अपने इमेज सर्च का प्रयोग करने लगी। वर्ष 2007 तक कंपनी ने अपने सर्च विकासों को विंडोज लाइव सर्विस यूनिट से अलग कर लिया। इस सेवा को 'लाइव सर्च' नाम दिया गया।

'लाइव सर्च' को नडेला के नेतृत्व में 'लाइव सर्च एंड ऐड-प्लेटफॉर्म (AdPlatform)' में गठित कर लिया गया, जो माइक्रोसॉफ्ट के 'प्लेटफॉर्म एंड सिस्टम' डिवीजन का हिस्सा था। इस परिवर्तन के हिस्सा के रूप में लाइव सर्च का माइक्रोसॉफ्ट ऐडसेंटर (Microsoft AdCentre) में विलय कर दिया गया। इस तरह से पर्याप्त रूप से सेवाओं का समेकन (कंसोलिडेशन) हो गया। अंतत: माइक्रोसॉफ्ट ने गौर किया कि जब तक 'लाइव' शब्द नाम से जुड़ा है, तब तक ब्रांड की अस्पष्टता की गुंजाइश है।

सर्च सेवाओं को नया चेहरा प्रदान करने के लिए 'माइक्रोसॉफ्ट बिंग' ने वर्ष 2009 में औपचारिक रूप से लाइव सर्च को विस्थापित कर दिया। इसी साल प्रस्तावित माइक्रोसॉफ्ट-याहू (Microsoft-Yahoo!) सौदे की घोषणा की गई थी।

सर्च सेवाओं को नया चेहरा प्रदान करने के लिए 'माइक्रोसॉफ्ट बिंग' ने वर्ष 2009 में औपचारिक रूप से लाइव सर्च को विस्थापित कर दिया। इसी साल प्रस्तावित माइक्रोसॉफ्ट-याहू (Microsoft-Yahoo!) सौदे की घोषणा की गई थी। इस सौदा के हिस्से के रूप में 'बिंग' को याहू के सर्च इंजन को शक्ति प्रदान करनी थी। अर्थात याहू के सर्च इंजन का अंतराफलक (इंटरफेस) बना रहेगा, जबकि उसका आतंरिक प्रौद्योगिक ढाँचे को माइक्रोसॉफ्ट बिंग शक्ति प्रदान करेगा। इस

घोषणा को सभी ने सकारात्मक रूप से लिया था। विशेष रूप से वित्तीय विश्लेषक व शेयर बाजार अति उत्साहित था। गूगल के लिए यह स्पष्ट चेतावनी थी। अंतत: उसे माइक्रोसॉफ्ट-याहू! की साझेदारी के रूप में सर्च सेवा-क्षेत्र में प्रतिस्पर्धा का सामना करना था। सर्च परिणामों को अधिक तेजी और अधिक प्रासंगिक रूप में पहुँचाने का लक्ष्य कर माइक्रोसॉफ्ट सर्च संबंधी नए आतंरिक आधारभूत ढाँचे (इंफ्रास्ट्रक्चर) के साथ आया था। इस नई टेक्नोलॉजी को 'टाइगर' नाम दिया गया था, जिसे वर्ष 2011 में वैश्विक रूप से 'बिंग' सम्मिलित किया गया था। बिंग के लॉञ्च से पहले माइक्रोसॉफ्ट के वेब सर्च पृष्ठों (एम.एस.एन., विंडोज लाइव सर्च व लाइव सर्च) की बाजार हिस्सेदारी नगण्य थी, लेकिन इस गठजोड़ के बाद वर्ष 2009 के मध्य में अमेरिका के सर्च मार्केट में माइक्रोसॉफ्ट की हिस्सेदारी 30 प्रतिशत थी।[5]

माइक्रोसॉफ्ट के एक्सबॉक्स सीरीज (एक्स बॉक्स, एक्सबॉक्स 360 और एक्स बॉक्स-1) गेमिंग प्लेटफॉर्म्स की छठी से लेकर आठवीं पीढ़ी का प्रतिनिधित्व करते हैं। यह एक ऑनलाइन सर्विस है, जिसके दुनिया भर में 4 करोड़ से भी ज्यादा उपभोक्ता हैं।

सभी खेल क्रिकेट नहीं हैं—एक्सबॉक्स लाइव

जिस शख्स ने अपनी स्कूल टीम के लिए क्रिकेट खेला और जो

5. नीलसन मेगाव्यू सर्च के अनुसार, अगस्त 2009 में अमेरिकी बाजार में बिंग एवं याहू की संयुक्त हिस्सेदारी 26.7 फीसदी थी और हिटवाइज (Hitwise) के अनुसार, अक्तूबर 2011 में उनकी अमेरिकी बाजार में संयुक्त हिस्सेदारी 28.62 फीसदी हो गई।

कहते हैं कि उन्होंने इस खेल से नेतृत्व का पाठ सीखा, उनको माइक्रोसॉफ्ट में एक अलग ही तरह के खेल का अनुभव हुआ।

निकट भविष्य में विशाल सॉफ्टवेयर कंपनी एक्सबॉक्स लाइव के लिए क्रॉस-प्लेटफॉर्म (अंतर्मंचीय) तालमेल को खोजने की योजना बना रही है।

माइक्रोसॉफ्ट के एक्सबॉक्स सीरीज (एक्स बॉक्स, एक्सबॉक्स 360 और एक्स बॉक्स-1) गेमिंग प्लेटफॉर्म्स की छठी से लेकर आठवीं पीढ़ी का प्रतिनिधित्व करते हैं। यह एक ऑनलाइन सर्विस है, जिसके दुनिया भर में 4 करोड़ से भी ज्यादा उपभोक्ता हैं। एक्सबॉक्स लाइव एक ऑनलाइन वर्चुअल मार्केट के जरिए कई तरह की मल्टीमीडिया (खेल सहित) को खरीदने और डाउनलोड करने की सुविधा प्रदान करता है। एक्सबॉक्स लाइव का मुख्य रूप से इस्तेमाल उपलब्धियों, मित्र-सूचियों (फ्रेंड्स लिस्ट्स) और गेम मैचमेकिंग के लिए माइक्रोसॉफ्ट के कंसोल्स और विंडोज अथवा विंडोज फोन गेम में किया जाता है। निकट भविष्य में विशाल सॉफ्टवेयर कंपनी एक्सबॉक्स लाइव के लिए क्रॉस-प्लेटफॉर्म (अंतर्मंचीय) तालमेल को खोजने की योजना बना रही है। इसका निहितार्थ यह है कि माइक्रोसॉफ्ट अंततः एक ऐसा प्लेटफार्म विकसित कर सकता है, जो एक्सबॉक्स लाइव की क्रियाशीलता को आई.ओ.एस. (IOS) और एंड्रॉइड खेलों तक विस्तृत कर सकता है। अपने मौजूदा रूप में एक्सबॉक्स लाइव को माइक्रोसॉफ्ट से प्रमाणीकरण और मंजूरी की जरूरत होती है। बहरहाल, माइक्रोसॉफ्ट जब पाबंदियों में ढील देने और डेवेलपर्स के लिए बेहतर टूल्स पेश करने का फैसला करेगा तो भविष्य में यह बदल सकता है।

नडेला का डिवीजन एक्सबॉक्स लाइव और एक्सबॉक्स वन

क्लाउड जैसी उपभोक्ता-उन्मुखी सेवाओं के लिए तकनीकी नींव प्रदान करता है। दुनिया भर में एक्सबॉक्स पर ऑनलाइन गेमिंग की शुरुआत वर्ष 2002 के आखिरी दिनों में हुई। यह सेवा अभी सक्रिय है और खेल खेलनेवालों द्वारा इसका इस्तेमाल जारी है।

विंडोज एज्योर

नडेला ने माइक्रोसॉफ्ट में पिछले तीन साल इसके क्लाउड एवं एंटरप्राइज ग्रुप को संचालित करते हुए बिताए हैं। यह अत्यंत लाभकारी एवं तेजी से विकसित हो रहा डिवीजन है, जो विंडोज एज्योर क्लाउड सर्विस और परंपरागत डाटा सेंटर सॉफ्टवेयर की निगरानी करता है। माइक्रोसॉफ्ट यह सेवा बड़े कारोबारों को प्रदान करती है। नडेला के सी.ई.ओ. बनते ही माइक्रोसॉफ्ट ने एक ऐसे शख्स के हाथों में कमान सौंप दी है, जिसके पास संगठन की दिशा बदल देने और इसे सुविधा-क्षेत्र (कम्फर्ट जोन) से बाहर के क्षेत्रों में ले जाने की अपनी योग्यता प्रदर्शित की है।

तथ्य यह है कि नडेला ने न केवल विंडोज एज्योर के उद्देश्य का दिशा-निर्देशन किया है, बल्कि उनके क्लाउड एवं एंटरप्राइज ग्रुप ने जो प्रौद्योगिकियाँ विकसित की हैं, उन्होंने बिंग, स्काइप और एक्सबॉक्स ऑनलाइन गेमिंग सर्विस जैसी इंटरनेट सेवाओं को मजबूती प्रदान की है। नडेला की दुनिया में 'क्लाउड' उस दिशा का प्रतिनिधित्व करता है, जिस ओर

नडेला की दुनिया में 'क्लाउड' उस दिशा का प्रतिनिधित्व करता है, जिस ओर विश्व आगे बढ़ रहा है। यही कारण है कि सर्वर एवं टूल्स कारोबार को अब 'क्लाउड एंड एंटरप्राइज' के रूप में जाना जा रहा है।

विश्व आगे बढ़ रहा है। यही कारण है कि सर्वर एवं टूल्स कारोबार को अब 'क्लाउड एंड एंटरप्राइज' के रूप में जाना जा रहा है।

हालाँकि माइक्रोसॉफ्ट परंपरागत सॉफ्टवेयर के जरिए अपने कारोबार का अहम हिस्सा जारी रखे हुए है, लेकिन कंपनी इस तथ्य को मानती है कि दुनिया 'एज्योर' और 'ऑफिस 365' जैसी ऑनलाइन सेवाओं की ओर बढ़ रही है। ये वे सेवाएँ हैं, जिनका कारोबारी परंपरागत सॉफ्टवेयर के बदले इस्तेमाल कर सकते हैं। सर्विसेज एवं सॉफ्टवेयर—दोनों पेश करना माइक्रोसॉफ्ट को अपने प्रतिस्पर्धियों के ऊपर तात्कालिक लाभ प्रदान करता है।

नडेला के अधीन सर्वर एवं टूल ग्रुप के संचालन के तरीके में अहम बदलाव आया है और इसने 'एज्योर' तथा अन्य नई सेवाओं के प्रभाव को विस्तृत किया है।

पिछले कुछ वर्षों में नडेला ने माइक्रोसॉफ्ट के क्लाउड प्लेटफॉर्म, 'एज्योर' को अमेजन के क्लाउड सर्विसेज का ज्यादा गंभीर प्रतिस्पर्धी बना दिया है।

ग्रुप ने कई आधुनिक प्रौद्योगिकियों का स्वागत किया है, जिनसे माइक्रोसॉफ्ट कभी बचा करता था। कंपनी अब लिनक्स (Linux) ऑपरेटिंग सिस्टम समेत 'एज्योर' पर तमाम किस्म के मुक्त स्रोत (ओपन सोर्स) सॉफ्टवेयर का इस्तेमाल करती है। नजरिए में बदलाव ने माइक्रोसॉफ्ट को समकालीन के थोड़ा और करीब ला दिया है और इसने माइक्रोसॉफ्ट को उसके मुख्य प्रतिद्वंद्वियों अमेजॉन और गूगल द्वारा विकसित असली नमूने के अधिक करीब ला दिया है। पिछले कुछ वर्षों में नडेला ने माइक्रोसॉफ्ट के क्लाउड प्लेटफॉर्म, 'एज्योर' को अमेजन के क्लाउड सर्विसेज का ज्यादा गंभीर प्रतिस्पर्धी बना दिया है। उनके अपने शब्द

क्लाउड सर्विसेज के भविष्य को एकदम सटीक रूप से संक्षेपित करते हैं—"जब मैंने माइक्रोसॉफ्ट में शुरुआत की तो मैं भाग्यशाली था कि 'क्लाइंट-सर्वर' प्रतिमान के अभ्युदय का हिस्सा बना। अब मुझे उस क्लाउड (कंप्यूटिंग) की लहर का हिस्सा बनने का मौका मिला है, जो जीवन के हरेक क्षेत्र को प्रभावित करने की विपुल क्षमता रखने के संदर्भ में अद्‍भुत है।"[6]

□

6. 'Never, ever stop learning' Anisha Dhiman, Deccan chronicle, 29 July 2013.

भाग–3

नेतृत्व परिवर्तन

'हमारा उद्योग परंपरा का सम्मान नहीं करता है। यह सिर्फ नव-प्रवर्तनों का आदर करता है।' माइक्रोसॉफ्ट के लिए आगे अपार अवसर हैं, लेकिन इसका लाभ उठाने के लिए हमें अवश्य ही तेजी से आगे बढ़ना चाहिए, अपना ध्यान केंद्रित करना चाहिए और अपना स्वरूप बदलते रहना चाहिए। मेरे काम का एक बड़ा हिस्सा यह है कि अपने उपभोक्ताओं के लिए नए-नए उत्पाद ज्यादा तेजी से लाने की अपनी योग्यता को बढ़ाऊँ।[7]

❖ ❖ ❖

दो एकदम भिन्न सी.ई.ओ. के साथ काम करना

जब सत्य नडेला वर्ष 1992 में कंपनी में आए तो बिल गेट्स संगठन के शिखर पर थे। जनवरी 2000 में स्टीव बामर ने माइक्रोसॉफ्ट के सी.ई.ओ. का पद सँभाला। बामर इस विशाल कंपनी में वर्ष 1980 में नौकरी पानेवाले तीसवें कर्मचारी थे। गेट्स के निकलने के बाद वह कंपनी के दूसरे सी.ई.ओ. बने। बिल गेट्स से नडेला ने अपने विश्वासों में भरोसा रखने का महत्त्व समझा होगा। उनके कर्मचारियों के लिए हमेशा स्पष्ट था कि गेट्स अत्यंत जमीनी आदमी थे। आप यह जानते हुए

7. www.microsoft.com/en-us/news/ceo

उन्हें पीछे धकेल सकते हैं कि यदि आप सही हैं तो वह आपका दबाव-परीक्षण करने के बाद आपके नजरिए से सहमत हो जाएँगे। स्टीव बामर से, नडेला ने अपने आप से घोर ईमानदार होने का महत्त्व सीखा होगा।

कहते हैं कि अपनी एक वार्षिक समीक्षा के दौरान नडेला ने बामर से पूछा कि वह जो कुछ कर रहे हैं, उसे किस नजरिए से देखते हैं? बामर ने अपनी अद्वितीय शैली में जवाब दिया, ''देखिए, आप इसे जानेंगे, मैं इसे जानूँगा और यह पूरे माहौल में होगा। इसलिए आपको यह पूछना नहीं पड़ेगा कि 'मैं कैसा कर रहा हूँ?' आपके स्तर पर यह पर्याप्त रूप से अंतर्निहित होगा।''

कहते हैं कि अपनी एक वार्षिक समीक्षा के दौरान नडेला ने बामर से पूछा कि वह जो कुछ कर रहे हैं, उसे किस नजरिए से देखते हैं? बामर ने अपनी अद्वितीय शैली में जवाब दिया, ''देखिए, आप इसे जानेंगे, मैं इसे जानूँगा और यह पूरे माहौल में होगा। इसलिए आपको यह पूछना नहीं पड़ेगा कि 'मैं कैसा कर रहा हूँ?' आपके स्तर पर यह पर्याप्त रूप से अंतर्निहित होगा।''[8ए]

एक अन्य अवसर पर नडेला ने बामर से पूछा कि उनसे पहले इसी भूमिका में जो लोग काम करते थे, उनसे वह उनकी किस तरह तुलना करते हैं? बामर ने पहले की तरह फिर जवाब दिया, ''कौन परवाह करता है? संदर्भ इतना भिन्न है। मेरे लिए केवल वही चीज महत्त्व रखती है कि आप उन पत्तों के साथ क्या करते हैं जिनके साथ आप अब तक निपटते रहे हैं। मैं चाहता हूँ कि आप इस तुलनात्मक मानक की कोशिश करने के विरुद्ध उस पर ध्यान केंद्रित बने रहें।''[8बी]

8a 8b. New Yourk Times, 21 February, 2014

ये दो शख्स थे, जिनकी नेतृत्व शैली एकदम भिन्न थी और कुछ हद तक दोनों की दृष्टि अलग-अलग थी। बिल गेट्स को ज्यादा टेक्नोलॉजी-केंद्रित माना जाता था; लेकिन बामर कट्टर कारोबारी शख्स थे। गेट्स के बारे में कहा जाता है कि वे अनजान रास्ते पर भी चल पड़ते थे; जबकि बामर का रुझान रूढ़िवादी होने की ओर था।

माइक्रोसॉफ्ट के दो पूर्व सी.ई.ओ. के नजरिए में साफ फर्क था और इसके अपने अंतर्निहित फायदे थे। यह देखना रोचक होगा कि क्या नडेला अपने दोनों पूर्ववर्तियों के आचरण संबंधी गुणों में संतुलन स्थापित कर सकते हैं और माइक्रोसॉफ्ट की मौजूदा एवं भविष्य की चुनौतियों से सफलतापूर्वक पार पा सकते हैं?

बामर-युग

माइक्रोसॉफ्ट के सी.ई.ओ. के रूप में बामर के काल में कुछ सफलताएँ और प्रशंसाएँ मिलीं तो कुछ कटु आलोचना भी हुई। उनके नेतृत्व में माइक्रोसॉफ्ट ने अपनी दक्षता और फुरती में कमी दिखाई, बात चाहे नए उत्पाद लाने की हो या प्रौद्योगिकीय बदलावों से तालमेल बनाने की हो या जरूरत (ग्राहकों की) के मुताबिक टेक्नोलॉजी को ढालने की हो। उनमें अपने पूर्ववर्ती बिल गेट्स की तुलना में प्रौद्योगिकीय

माइक्रोसॉफ्ट के सी.ई.ओ. के रूप में बामर के काल में कुछ सफलताएँ और प्रशंसाएँ मिलीं तो कुछ कटु आलोचना भी हुई। उनके नेतृत्व में माइक्रोसॉफ्ट ने अपनी दक्षता और फुरती में कमी दिखाई, बात चाहे नए उत्पाद लाने की हो या प्रौद्योगिकीय बदलावों से तालमेल बनाने की हो या जरूरत (ग्राहकों की) के मुताबिक टेक्नोलॉजी को ढालने की हो।

विशेषज्ञता का अपेक्षाकृत अभाव था। इसलिए इन आधारों पर बाजार में जो बदलाव आते थे, उनके प्रति उनकी प्रतिक्रिया धीमी होती थी। उनकी जिन बातों को लेकर आलोचना होती थी, उनमें से यह भी कम महत्त्वपूर्ण नहीं थी कि बामर का लोगों से जुड़ने या जोड़ने का कौशल कम था। उनका वर्णन नकचढ़ा और लगभग आक्रामक होने के रूप में किया जाता रहा है। हालाँकि बामर के समर्थक इसका यह कहते हुए बचाव करते हैं कि वह इस शैली से लोगों को अपनी ओर पूरी क्षमता के साथ काम करने के लिए प्रेरित करते थे। बामर के विरोधी उनकी इस बात के लिए भी निंदा करते हैं कि वह कर्मचारियों को एक-दूसरे के खिलाफ भड़काते थे, जिससे तीव्र आंतरिक राजनीति और संघर्ष का माहौल बन जाता था। नतीजा यह होता था कि कर्मचारियों का ध्यान नई खोजों और साझा लक्ष्यों से भटक जाता था।

बामर के विरोधी उनकी इस बात के लिए भी निंदा करते हैं कि वह कर्मचारियों को एक-दूसरे के खिलाफ भड़काते थे, जिससे तीव्र आंतरिक राजनीति और संघर्ष का माहौल बन जाता था।

इस संदर्भ में, माइक्रोसॉफ्ट कूरियर (Microsoft Courier) की शुरुआत और बाजार में उतारे जाने का उल्लेख किया जा सकता है। यह माइक्रोसॉफ्ट की कथित 'बुकलेट पी.सी.' का कूट-नाम था, जिसके बारे में मीडिया में वर्ष 2008 में खबर आई थी। आश्चर्यजनक रूप से इस प्रोजेक्ट को रद्द करने की घोषणा बामर द्वारा वर्ष 2010 में की गई।

'कूरियर' में दो स्क्रीन (परदे) थे, जो एक-दूसरे से सटे हुए थे, जैसा कि एक पुस्तक में होता है। इसमें सूचनाएँ 'स्टाइलस' (विशेष प्रकार का लेखन-उपकरण) या उँगली के स्पर्श द्वारा दर्ज की जानी थी। यह गैजेट एक पुस्तक की तरह कब्जेदार था, जब 'डिजिटल बुक' को

बंद करने पर सात इंच के स्क्रीन आमने-सामने होते थे। इस प्रोजेक्ट का नेतृत्व माइक्रोसॉफ्ट की नामी हस्ती जे. एलार्ड के हाथों में था। वह माइक्रोसॉफ्ट के मुख्य उपभोक्ता-प्रौद्योगिकी द्रष्टा भी थे। एप्पल इंक द्वारा जनवरी 2010 में आई पैड (iPad) लाए जाने के कई महीने पहले यह अफवाह फैल गई थी कि माइक्रोसॉफ्ट एक टैबलेट कंप्यूटर लाने वाला है जोकि 'कूरियर' माइक्रोसॉफ्ट के लिए अवसरों की नई संभावनाएँ खोलने वाला था। बहरहाल, 'कूरियर' को वजूद में नहीं आना था। अप्रैल 2010 में स्टीव बामर ने रेडमंड से पॉयनियर स्टेडियोज के बीच की 16 मील की दूरी तय की, जहाँ जे. एलार्ड की टीम इसके लिए कड़ी मेहनत कर रही थी, और 'कूरियर' प्रोजेक्ट को ठंडे बस्ते में डालने के कंपनी के फैसले की घोषणा की।

एप्पल इंक द्वारा जनवरी 2010 में आई पैड (iPad) लाए जाने के कई महीने पहले यह अफवाह फैल गई थी कि माइक्रोसॉफ्ट एक टैबलेट कंप्यूटर लाने वाला है जोकि 'कूरियर' माइक्रोसॉफ्ट के लिए अवसरों की नई संभावनाएँ खोलने वाला था।

'कूरियर' प्रोजेक्ट को ठंडे बस्ते में डालने के पीछे के कारणों में से एक यह बताया जाता है कि यह मशीन विंडोज के संशोधित नमूने पर काम करती थी और इसकी रणनीति 'विंडोज' एवं 'ऑफिस' से संगत नहीं थी। यह स्टीवन सिनॉफ्सकी की टैबलेट कंप्यूटरिंग दृष्टि के विपरीत थी। सिनॉफ्सकी माइक्रोसॉफ्ट के विंडोज डिवीजन के प्रमुख थे। सिनॉफ्सकी ऐसे किसी भी उत्पाद को लेकर चिंतित थे, जो माइक्रोसॉफ्ट के मुख्य ऑपरेटिंग सिस्टम को नुकसान पहुँचाए और उनके टैबलेट-संगत विंडोज संस्करण को फलीभूत होने में अभी भी कुछ और वर्ष लगने थे। जब फैसला लेने की स्थिति पैदा हो गई तो बामर ने खुद को

दुविधापूर्ण स्थिति में पाया। एलार्ड और सिनॉफ्सकी—दोनों ही माइक्रोसॉफ्ट के अंदर अहम संसाधन थे। बामर ने बिल गेट्स का सहारा लिया और फैसला लेने में उनकी मदद माँगी। उन्होंने उनसे पूछा कि क्या उन्हें सिनॉफ्सकी के टैबलेट-संगत विंडोज संस्करण की प्रतीक्षा करनी है या एलार्ड के 'कूरियर' संस्करण को लेकर आगे बढ़ना चाहिए? अंततः गेट्स और अन्य वरिष्ठ सदस्यों को आश्वस्त करने में एलार्ड असमर्थ रहे और उनका प्रोजेक्ट रद्द हो गया।

'सर्फेस आर.टी.' विंडोज आर.टी. को चलानेवाला ए.आर.एम.-सी.पी.यू. (ARM-CPU) का इस्तेमाल करता है, जबकि 'सर्फेस प्रो' विंडोज 8 चलानेवाला 'इंटेल इवी ब्रिज सी.पी.यू.' (Intel Ivy Bridge CPU) का उपयोग करता है।

कूरियर प्रोजेक्ट को रद्द करने के बामर के फैसले के पक्ष और विपक्ष में कई तरह के मत हैं; लेकिन बड़ी संख्या में लोग मानते हैं कि यदि बामर ने इस अभिनव उत्पाद से हाथ नहीं खींचा होता तो सबसे पहले ऐसा उत्पाद लाने का लाभ माइक्रोसॉफ्ट को मिला होता और उसे वही स्थान प्राप्त होता, जो एप्पल के आईपैड (iPad) ने पिछले चार वर्षों से अख्तियार कर रखा है।

लॉस एंजिलेस में जून 2012 में बामर ने एक कार्यक्रम में घोषणा की कि अपने विंडोज ऑपरेटिंग सिस्टम को अपने हार्डवेयर से एकीकृत करने के लिए सर्फेस (Surface) माइक्रोसॉफ्ट की पहली प्रमुख पहल होगी। 'सर्फेस' को टैबलेट-सह-लैपटॉप के रूप में बताया गया और इसके दो मॉडल बाजार में उतारे गए—सर्फेस आर.टी. (Surface RT) और सर्फेस प्रो. (Surface Pro)। 'सर्फेस आर.टी.' विंडोज आर.टी. को चलानेवाला ए.आर.एम.-सी.पी.यू. (ARM-CPU) का इस्तेमाल

करता है, जबकि 'सर्फेस प्रो' विंडोज 8 चलानेवाला 'इंटेल इवी ब्रिज सी.पी.यू.' (Intel Ivy Bridge CPU) का उपयोग करता है। इन मशीनों की शुरुआती बिक्री माइक्रोसॉफ्ट की अपेक्षाओं के अनुरूप नहीं थी, जिस कारण कीमतें घटानी पड़ीं और बिक्री बढ़ाने के अन्य प्रोत्साहन देने पड़े। इसके उत्तराधिकारी के रूप में 'सर्फेस 2' और 'सर्फेस प्रो 2' को 22 अक्तूबर, 2013 को जारी किया गया; लेकिन इन उत्पादों की बिक्री दरशाती है कि इस बाजार-खंड में एप्पल के आईपैड (iPad) को शिकस्त देना माइक्रोसॉफ्ट के लिए टेढ़ी खीर होगा।

फिर, 'माइक्रोसॉफ्ट विस्टा' (Microsoft Vista) के साथ भी समस्या पैदा हो गई। जुलाई 2005 में इसकी घोषणा किए जाने के पूर्व इसे 'लांगहॉर्न' (Longhorn) के कूटनाम से जाना जाता था। इस ऑपरेटिंग सिस्टम को विकसित करने का काम वर्ष 2006 के आखिर में पूरा किया गया और इसे जनवरी 2007 में दुनिया भर में जारी किया गया। विंडोज एक्स.पी. (Windows XP) जारी किए जाने के पाँच साल से भी ज्यादा समय बाद 'विस्टा' को जारी किया गया। माइक्रोसॉफ्ट विंडोज डेस्कटॉप ऑपरेटिंग सिस्टम को क्रमिक रूप से जारी करने में यह सबसे लंबा फासला था।

विंडोज एक्स.पी. (Windows XP) जारी किए जाने के पाँच साल से भी ज्यादा समय बाद 'विस्टा' को जारी किया गया। माइक्रोसॉफ्ट विंडोज डेस्कटॉप ऑपरेटिंग सिस्टम को क्रमिक रूप से जारी करने में यह सबसे लंबा फासला था।

'विस्टा' का मुख्य मकसद विंडोज ऑपरेटिंग सिस्टम में सुरक्षा व्यवस्था को बढ़ाना था। यह इस तथ्य के मद्देनजर किया गया कि एक्स.पी. (XP) और इसके पूर्ववर्तियों के सुरक्षा खतरों का शिकार होने

की आशंका थी। ये वायरस और अन्य गड़बड़ियों के शिकार हो सकते थे। 'विस्टा' को लॉन्च किए जाने में हुई देरी के लिए बिल गेट्स ने जो एक कारण बताया, वह यह कि माइक्रोसॉफ्ट अपने 'विंडोज एक्स.पी.' और 'विंडोज सर्वर 2003' के लिए सुरक्षा मानक सुधारने पर ज्यादा ही ध्यान केंद्रित किए हुए था।

माइक्रोसॉफ्ट के अन्य किसी उत्पाद की इतनी आलोचना नहीं हुई, जितनी 'विस्टा' की। जिन बातों को लेकर इसकी आलोचनाएँ हुईं, उनमें शामिल हैं—उच्च कंप्यूटर सिस्टम की आवश्यकताएँ, लाइसेंस देने की प्रतिबंधात्मक शर्तें, संरक्षित डिजिटल मीडिया की नकल पर पाबंदी लगाने के मकसद से कई नई डिजिटल राइट्स मैनेजमेंट टेक्नोलॉजीज को शामिल करना, 'विस्टा' से पूर्व के कुछ हार्डवेयर व सॉफ्टवेयर से तालमेल का अभाव और यूजर एकाउंट कंट्रोल के लिए अनुमोदन संकेतों की संख्या। इनके और अन्य मसलों के परिणामस्वरूप 'विंडोज विस्टा' को अपनाने और उससे संतुष्टि की शुरुआती दर 'विंडोज एक्स.पी.' की तुलना में कमतर थी। इसे विकसित करने में अनियमित रूप से लगा काफी समय ऑपरेटिंग सिस्टम को ज्यादा फुलाना या जटिल बनाना और धीमा रखना जैसी समस्याएँ तो थीं ही, ऊपर से शुरुआत में इसकी ज्यादा कीमत सबसे ज्यादा चिंताजनक पहलू थी।

हमने वाकई क्या किया कि हमने अविश्वसनीय रूप से प्रतिभावान् इंजीनियरों की एक टीम बनाई और इससे जो उत्पाद बनकर निकला, वह संभवतः शुद्ध रूप से एक कदम पीछे था, न कि एक कदम आगे।

स्टीव बामर ने विस्टा और इसकी समस्याओं के बारे में अपने एक इंटरव्यू में कहा, ''हमने वाकई क्या किया कि हमने अविश्वसनीय रूप से प्रतिभावान्

इंजीनियरों की एक टीम बनाई और इससे जो उत्पाद बनकर निकला, वह संभवत: शुद्ध रूप से एक कदम पीछे था, न कि एक कदम आगे। ...हमने लोगों को एक ऐसी चीज पर काम करने के लिए बाँध दिया, जो मायने नहीं रखती थी; जबकि वे भविष्य को परिभाषित करने वाली चीजों पर काम कर सकते थे। मेरे मुताबिक, यह सबसे बड़ी गलती थी। आप अपनी विकास करनेवाली टीम को गलत चीज पर काम करने नहीं दे सकते।"[9]

'विंडोज विस्टा' ने जो अव्यवस्था पैदा कर दी थी, बामर ने उसे साफ करने की जिम्मेदारी सिनॉफ्सकी को दी। यह वर्ष 2006 था और सिनॉफ्सकी पहले से ही आठ वर्षों से शिखर पर थे। सिनॉफ्सकी काम में जुट गए और उनके नेतृत्व में वर्ष 2009 में 'विंडोज 7' का आगाज हुआ। हालाँकि यह कोई अनूठा ओ.एस. नहीं था, जिसके लिए उपभोक्ता लालायित थे, लेकिन इसने 'विस्टा' द्वारा पैदा की गई कई समस्याओं का समाधान किया।

'विंडोज विस्टा' ने जो अव्यवस्था पैदा कर दी थी, बामर ने उसे साफ करने की जिम्मेदारी सिनॉफ्सकी को दी। यह वर्ष 2006 था और सिनॉफ्सकी पहले से ही आठ वर्षों से शिखर पर थे। सिनॉफ्सकी काम में जुट गए और उनके नेतृत्व में वर्ष 2009 में 'विंडोज 7' का आगाज हुआ।

'विंडोज 7' को दुनिया भर में खुदरा बिक्री के लिए अक्तूबर 2009 में जारी किया गया और इसे अच्छी प्रतिक्रिया मिली। बहरहाल, 'विस्टा' ने तब तक माइक्रोसॉफ्ट और स्टीव बामर के नेतृत्व पर मिटाया न जा सकने वाला अपना निशान छोड़ दिया था।

9. Seattle Times, 23 August, 2013

बामर के नेतृत्व में एक अन्य पहलू, जो बुरी तरह प्रभावित हुआ, वह था—कंपनी के शेयरों की कीमत, जो तेजी से गिरी और बाद में स्थिर हो गई।

स्टीव बामर के माइक्रोसॉफ्ट में शीर्ष भूमिका में आने के बाद से इसके शेयरों का भाव लगभग 32 फीसदी गिर गया; जबकि एस. एंड पी. 500 इंडेक्स (S & P 500 Index) में 20 फीसदी की बढ़ोतरी हुई।

बामर वर्ष 2000 की शुरुआत में सी.ई.ओ. बने थे। उस वक्त कंपनी के शेयरों की कीमत 50 डॉलर्स से ऊपर थी। वक्त गुजरने के साथ यह गिरकर 30 डॉलर्स के नीचे आ गई और इसी स्तर पर मँडराती रही। वॉल स्ट्रीट ने निश्चित तौर पर बामर को अपना पसंदीदा सी.ई.ओ. के रूप में दर्ज नहीं किया और निवेशक प्राय: कंपनी के विशाल लाभों में अपनी हिस्सेदारी को लेकर निराश होते थे। स्टीव बामर के माइक्रोसॉफ्ट में शीर्ष भूमिका में आने के बाद से इसके शेयरों का भाव लगभग 32 फीसदी गिर गया; जबकि एस. एंड पी. 500 इंडेक्स (S & P 500 Index) में 20 फीसदी की बढ़ोतरी हुई। मगर यह भी तथ्य है कि उनके कार्यकाल के दौरान माइक्रोसॉफ्ट का सालाना राजस्व 23 अरब डॉलर्स से बढ़कर वर्ष 2013 में लगभग 78 अरब डॉलर्स हो गया। इतना ही नहीं, बामर ने वर्ष 2000 में जब कमान सँभाली थी तो माइक्रोसॉफ्ट का शुद्ध लाभ 7.8 अरब डॉलर्स का था, जबकि वर्ष 2013 के वित्तीय वर्ष में यह 21.8 अरब डॉलर्स हो गया। इसका अर्थ यह हुआ कि उनके सी.ई.ओ. बनने के पूर्व कंपनी की जो शुद्ध आमदनी थी, वह बढ़कर लगभग तिगुनी हो गई। बामर की जो आलोचनाएँ की जाती हैं, उनके संदर्भ में उपर्युक्त आँकड़ों को देखें तो ये विरोधाभास नजर आते हैं। हालाँकि माइक्रोसॉफ्ट

की प्रति शेयर कमाई बढ़ी है और कंपनी ने शेयरधारकों को नियमित लाभांश दिए हैं, लेकिन इसके शेयरों की कीमतें गिरी हैं और फिर स्थिर हो गई हैं; जबकि अन्य प्रौद्योगिकी कंपनियों के भाव तेजी से चढ़े हैं।

यह ऐसा लगता था कि मानो बाजार माइक्रोसॉफ्ट को दंडित कर रहा है, भले ही उसकी आधारभूत चीजें सुदृढ़ थीं। इसका कारण इस तथ्य में निहित हो सकता है कि निवेशक उच्च प्रौद्योगिकी कंपनियों में भविष्य में बड़े विकास की क्षमता देखते हैं और माइक्रोसॉफ्ट बड़े विकास के क्षेत्रों में आनंदित करने में विफल रहा। ये क्षेत्र खासतौर पर हैं—मोबाइल और इंटरनेट। निवेशकों ने विश्वास नहीं किया कि माइक्रोसॉफ्ट के सर्वोत्तम दिन आने वाले थे और इस कारण वे इसके शेयर पर प्रीमियम का भुगतान करने के इच्छुक नहीं रहे थे।

निवेशक उच्च प्रौद्योगिकी कंपनियों में भविष्य में बड़े विकास की क्षमता देखते हैं और माइक्रोसॉफ्ट बड़े विकास के क्षेत्रों में आनंदित करने में विफल रहा। ये क्षेत्र खासतौर पर हैं—मोबाइल और इंटरनेट।

तो कुल मिलाकर यह स्थिति थी, जब बामर ने अगस्त 2013 में माइक्रोसॉफ्ट का सी.ई.ओ. पद छोड़ने का फैसला किया। जो शख्स उनका उत्तराधिकारी बनेगा, उनके लिए बामर युग से लिये जानेवाले सबक एकदम स्पष्ट थे।

पुराने वफादार का पद छोड़ना

बामर के पद छोड़ने का फैसले ने उस कंपनी में उनके तेरह साल तक शिखर पर बने रहने के समय को समाप्त कर दिया, जिसे हॉर्वर्ड में उनके पूर्व साथी द्वारा स्थापित किया गया था। यह घोषणा चौंकानेवाली

थी, क्योंकि बामर ने पहले घोषणा की थी कि जब उनकी आखिरी संतान हाई स्कूल की पढ़ाई पूरी कर कॉलेज में चली जाएगी, तब वह रिटायर होने पर विचार करेंगे। इसका संकेत यह था कि वह वर्ष 2017 के आखिर में पद छोड़ेंगे।

अपने रिटायर होने की घोषणा करने के साल भर पहले बामर ने कहा था कि माइक्रोसॉफ्ट अब डिवाइसेज (उपकरणों) एवं सर्विसेज (सेवाओं) कंपनी के रूप में संक्रमण कर रही थी। रिटायर करने के कुछ महीने पूर्व उन्होंने उस लक्ष्य को पाने के लिए कंपनी में बड़ा पुनर्गठन शुरू कर दिया था।

बामर ने यह साफ किया कि सी.ई.ओ. का पद खाली करने के उनके फैसले का बोर्ड या निवेशकों के दबाव से कोई लेना-देना नहीं था। उनका कहना था कि यह अपेक्षाकृत एक रणनीतिक कदम था। अपने रिटायर होने की घोषणा करने के साल भर पहले बामर ने कहा था कि माइक्रोसॉफ्ट अब डिवाइसेज (उपकरणों) एवं सर्विसेज (सेवाओं) कंपनी के रूप में संक्रमण कर रही थी। रिटायर करने के कुछ महीने पूर्व उन्होंने उस लक्ष्य को पाने के लिए कंपनी में बड़ा पुनर्गठन शुरू कर दिया था।

अपनी घोषणा के समय के बारे में उन्होंने खुलासा करते हुए कहा, ''इस तरह के संक्रमण के लिए कभी भी एकदम सही वक्त नहीं होता है; लेकिन अभी सही समय है। हमने एक नए संगठन के साथ एक नई रणनीति पर काम करना शुरू कर दिया है और हमारे पास वरिष्ठ नेतृत्वकर्ताओं की एक अद्‍भुत टीम है। मेरी शुरुआती सोच यह थी कि जब हमारी कंपनी डिवाइसेज एवं सर्विसेज कंपनी के रूप में आमूलचूल

परिवर्तन कर हो तो इसके मध्य में मैं रिटायर करूँ। हमें एक ऐसे सी.ई.ओ. की जरूरत है, जो इस नई दिशा के लिए यहाँ लंबी अवधि तक मौजूद रहेगा।'[10]

माइक्रोसॉफ्ट के तीसरे सी.ई.ओ. की तलाश

अपनी अवकाश-प्राप्ति की घोषणा में बामर ने संकेत दिया था कि उनके उत्तराधिकारी की खोज करने में साल भर लग सकता है। सत्य नडेला को इस विशाल कंपनी का तीसरा सी.ई.ओ. नियुक्त करने में छह माह ही लगे।

अपनी अवकाश-प्राप्ति की घोषणा में बामर ने संकेत दिया था कि उनके उत्तराधिकारी की खोज करने में साल भर लग सकता है। सत्य नडेला को इस विशाल कंपनी का तीसरा सी.ई.ओ. नियुक्त करने में छह माह ही लगे।

माइक्रोसॉफ्ट ने अपने अगले मुख्य कार्यकारी अधिकारी की जिस तरह से तलाश की, उससे खास तौर पर दुनिया भर के मानव संसाधन विभागों में एक बहस छिड़ गई। आदर्श रूप में, एक संगठन में सी.ई.ओ. की क्या सारे अहम पदों के लिए उत्तराधिकार योजना तय रहनी चाहिए। यह तथ्य कि माइक्रोसॉफ्ट को एक सी.ई.ओ. की तलाश करने में छह माह लग गए, इससे यह सवाल खड़ा हो गया कि उनके पास कोई उत्तराधिकार संबंधी रणनीति है भी या नहीं?

जॉन थॉम्पसन माइक्रोसॉफ्ट के बोर्ड में वर्ष 2012 में शामिल हुए थे और फिलहाल माइक्रोसॉफ्ट के चेयरमैन हैं। बहरहाल, वह इससे सहमत प्रतीत नहीं होते कि संगठन के पास उत्तराधिकार संबंधी योजना का अभाव था। थॉम्पसन ने नए सी.ई.ओ. की खोज तब शुरू की, जब

बामर ने पद छोड़ने का फैसला कर लिया।

थॉम्पसन से जब इस नियुक्ति के बारे में पूछा गया तो उन्होंने कहा, ''हमारे यहाँ काफी समय से यह विचार-प्रक्रिया चल रही थी कि नए उत्तराधिकारी के क्या गुण होने चाहिए? हमने इसे परिभाषित करने के लिए एक बाहरी फर्म 'हाइड्रिक एंड स्ट्रगल्स' के साथ काम किया है, लेकिन मैं नहीं सोचता कि इस वक्त हम बाह्य रूप से इसकी घोषणा करने के लिए तैयार थे। हम तलाश कर रहे हैं और उम्मीद है कि समुचित समय में हमारे पास नया नेतृत्वकर्ता होगा।''[11]

लेकिन इस नियुक्ति को लेकर तमाम सवालों के जवाब बिल गेट्स ने ज्यादा हल्के अंदाज में दिए। 'चार्ली रोज शो' में एक इंटरव्यू के दौरान जब उनके माइक्रोसॉफ्ट की उत्तराधिकार संबंधी योजना के अभाव के बारे में पूछा गया तो गेट्स ने जिक्र किया कि प्रौद्योगिकी कंपनियों को चलाना बड़ा चुनौतीपूर्ण कार्य है।

चार्ली रोज शो' में एक इंटरव्यू के दौरान जब उनके माइक्रोसॉफ्ट की उत्तराधिकार संबंधी योजना के अभाव के बारे में पूछा गया तो गेट्स ने जिक्र किया कि प्रौद्योगिकी कंपनियों को चलाना बड़ा चुनौतीपूर्ण कार्य है।

उनके शब्दों में, ''मैं ऐसी किसी प्रौद्योगिकी कंपनी के बारे में नहीं सोच सकता, जिसके पास चल रहे उत्तराधिकार प्रकरण की कोई पाठ्य-पुस्तक हो, इसलिए मैं माफी चाहता हूँ।''

खोज समिति

दिलचस्प रूप से खोज प्रक्रिया की शुरुआत में यह संकेत दिया

11. ZD Net, 23 August, 2013

गया कि बामर उस विशेष समिति का हिस्सा नहीं होंगे, जो अगले सी.ई.ओ. की तलाश करेगी। बाद में थॉम्पसन ने कहा कि वह नहीं जानते कि बामर की राय लिए बगैर कोई कैसे माइक्रोसॉफ्ट के अगले सी.ई.ओ. को तलाश सकता है। गेट्स ने भी बामर का यह कहते हुए समर्थन किया कि वे भाग्यशाली हैं कि जब तक कि नए सी.ई.ओ. कार्यभार नहीं सँभाल लेते, तब तक उनकी भूमिका में हमारे पास स्टीव (बामर) हैं।

बिल गेट्स और थॉम्पसन के अलावा खोज समिति में ऑडिट कमेटी के चेयरमैन तक नोस्की और क्षतिपूर्ति समिति के चैयरमैन स्टीव लुक्जो शामिल थे। बाहरी एवं आंतरिक, दोनों तरह के प्रत्याशियों पर विचार करने में कार्यकारी भर्ती फर्म 'हाड्रिक एंड स्टूगल्स इंटरनेशनल' की मदद ली गई।

बिल गेट्स और थॉम्पसन के अलावा खोज समिति में ऑडिट कमेटी के चेयरमैन तक नोस्की और क्षतिपूर्ति समिति के चैयरमैन स्टीव लुक्जो शामिल थे। बाहरी एवं आंतरिक, दोनों तरह के प्रत्याशियों पर विचार करने में कार्यकारी भर्ती फर्म 'हाड्रिक एंड स्टूगल्स इंटरनेशनल' की मदद ली गई।

जॉन थॉम्पसन ने यह खुलासा नहीं किया कि खोज समिति आदर्श प्रत्याशी में क्या गुण खोज रही थी ? ऐसा करने में अपनी समर्थता के लिए उन्होंने इस भूमिका की विविधता को कारण बताया। इतना उन्होंने जरूर कहा कि वह नहीं सोचते थे कि ऐसे काफी लोग थे, जिनके पास माइक्रोसॉफ्ट के आकार और पैमाने की कंपनी को चलाने की ऊर्जा या मानसिक क्षमता थी।

निर्णय लिए जाने के पूर्व माइक्रोसॉफ्ट के अंदर और बाहर इस बात को लेकर लोगों में काफी चर्चा थी कि शीर्ष पद पाने के लिए किसी

अंदरूनी या बाहरी प्रत्याशी की नियुक्ति के क्या फायदे और क्या नुकसान होंगे? बाहरी प्रत्याशी के पक्ष में इस संभावना पर विचार किया जा रहा था कि ऐसा शख्स संगठन में ताजा नजरिया पेश करेगा, क्योंकि कई लोग सोचते थे कि माइक्रोसॉफ्ट को एक ताजी और अभिनव सोच की सख्त जरूरत है। बाहरी प्रत्याशी के खिलाफ यह बात जाती थी कि वह संगठन के अंदर के लोगों और संस्कृति को समझने में लंबा वक्त लेगा। संगठन के विविध उत्पादों एवं सेवाओं को जानने-समझने और माइक्रोसॉफ्ट जैसी विशाल कंपनी को चलाने में जो अनेक मुद्दे होते हैं, उनसे निपटने में भी मुश्किल आएगी। माइक्रोसॉफ्ट के बोर्ड के समक्ष चुनौती साफ थी—क्या वे मौजूदा राह पर चलना जारी रखें या दूरदर्शी दृष्टिकोण वाले किसी 'बाहरी' को लाएँ, जो माइक्रोसॉफ्ट की कमियों को दूर कर दे और इसके उत्पादों को अवसरों में बदल दे?

माइक्रोसॉफ्ट के बोर्ड के समक्ष चुनौती साफ थी—क्या वे मौजूदा राह पर चलना जारी रखें या दूरदर्शी दृष्टिकोण वाले किसी 'बाहरी' को लाएँ, जो माइक्रोसॉफ्ट की कमियों को दूर कर दे और इसके उत्पादों को अवसरों में बदल दे?

दावेदार

हालाँकि उन तमाम लोगों की पूरी सूची पेश करना असंभव होगा, जो बामर का उत्तराधिकारी बनने के लिए विचार किए जाने की प्रक्रिया में रहे होंगे, लेकिन कुछ विकल्प एकदम स्पष्ट थे, और अंतिम घोषणा किए जाने के पूर्व उनका उल्लेख बार-बार किया जा रहा था।

वर्ष 2013 के अंतिम महीनों में माइक्रोसॉफ्ट ने नोकिया के स्मार्ट फोन हैंडसेट बिजनेस को खरीदने के 7.2 अरब डॉलर के सौदे को

अंतिम रूप दिया था। इसके जरिए माइक्रोसॉफ्ट 'डिवाइस एंड सर्विसेज' कंपनी बनने की अपनी दृष्टि की दिशा में अधिक करीब हो गई। सामान रूप से प्रासंगिक बात यह हुई कि इससे कंपनी के भीतर ही सी.ई.ओ. के लिए योग्य नजर आने वाला ऐसा उम्मीदवार सामने आया था, जो बामर के पद-त्याग करते ही उसकी भूमिका में आ सकता था। यह शख्स थे—स्टीफन इलोप। उन्होंने पहले माइक्रोसॉफ्ट में वरिष्ठ भूमिका में कार्य किया था। बाद में वह वर्ष 2010 में नोकिया के सी.ई.ओ. बन गए। दरअसल, ऐसे कई लोग थे, जो यह मानते थे कि माइक्रोसॉफ्ट ने न केवल नोकिया के हैंडसेट कारोबार के लिए 7.2 अरब डॉलर का भुगतान किया, बल्कि एक ऐसे शख्स को लाने का मार्ग प्रशस्त कर दिया, जो ताजा हवा का झोंका ला सकता था और मोबाइल एवं अन्य कारोबारों के उभरते रुझानों को समझने और भुनाने में माइक्रोसॉफ्ट की मदद कर सकता था।

जो यह मानते थे कि माइक्रोसॉफ्ट ने न केवल नोकिया के हैंडसेट कारोबार के लिए 7.2 अरब डॉलर का भुगतान किया, बल्कि एक ऐसे शख्स को लाने का मार्ग प्रशस्त कर दिया, जो ताजा हवा का झोंका ला सकता था और मोबाइल एवं अन्य कारोबारों के उभरते रुझानों को समझने और भुनाने में माइक्रोसॉफ्ट की मदद कर सकता था।

इस शीर्ष पद के लिए एक अन्य प्रमुख दावेदार थे—ऐलन मुलाली, जो फोर्ड मोटर कंपनी के सी.ई.ओ. थे। सितंबर 2013 में यह अफवाह फैली कि बामर ने बात जहाँ खत्म की है, वहीं से मुलाली शुरुआत करने वाले हैं। यह बात इसलिए भी चर्चा में आई कि यह खुलासा हो गया कि माइक्रोसॉफ्ट के हाल के आंतरिक पुनर्गठन में मुलाली ने बामर को

परामर्श दिया था। बहरहाल, शीर्ष भूमिका के लिए जब दौड़ करीबी हो गई तो मुलाली के नाम की संभावना कम हो गई। ऐसा इसलिए कि कुछ लोगों का अनुमान है कि मुलाली में प्रौद्यगिकीय अनुभव का अभाव था। बहरहाल, अन्य रिपोर्टों ने मुलाली के हवाले से ही कहा कि निजी कारणों से वह इस भूमिका के लिए आगे नहीं बढ़ना चाहते।

इस शीर्ष भूमिका के लिए टोनी बेट्स के भी समर्थक थे। कारोबारी विकास, रणनीति और सुसमाचार–प्रचार के कार्यकारी उपाध्यक्ष के रूप में उनकी भूमिका और सिस्को (Cisco) के साथ उनके पूर्व अनुभव उनके पक्ष में जाते थे। उन्होंने माइक्रोसॉफ्ट के स्काइप डिवीजन के अध्यक्ष के रूप में भी काम किया था।

कारोबारी विकास, रणनीति और सुसमाचार-प्रचार के कार्यकारी उपाध्यक्ष के रूप में उनकी भूमिका और सिस्को (Cisco) के साथ उनके पूर्व अनुभव उनके पक्ष में जाते थे। उन्होंने माइक्रोसॉफ्ट के स्काइप डिवीजन के अध्यक्ष के रूप में भी काम किया था।

माइक्रोसॉफ्ट के सी.ओ.ओ. (चीफ ऑपरेटिंग ऑफिसर) केविन टर्नर का नाम भी ब्लूमबर्ग द्वारा उद्धृत किया गया। कहा गया कि अंदरूनी उम्मीदवारों की सूची में टर्नर का भी नाम है, जिन पर बामर की भूमिका के लिए माइक्रोसॉफ्ट द्वारा विचार किया जा रहा है। वॉलमार्ट स्टोर्स इंक में काम करने के बाद वह वर्ष 2005 में माइक्रोसॉफ्ट में आए थे। बहरहाल, फैसला लेने के बाद के चरणों में उनके नाम की चमक फीकी पड़ गई, खासतौर पर जब उनकी सिलिकॉन वैली के पसंदीदा टोनी बेट्स और सत्य नडेला से उनकी तुलना की गई।

क्वॉलकॉम (Qualcomm) के स्टीव मोलेनकॉफ का नाम भी

बाहरी प्रत्याशी के रूप में सामने आया, जिन्हें माइक्रोसॉफ्ट की शीर्ष भूमिका के लिए विचारणीय माना गया। मोलेनकॉफ क्वॉलकॉम के सी.ओ.ओ. थे और अग्रणी मोबाइल चिप निर्माता कंपनी के साथ पिछले दो दशकों से जुड़े हुए थे। सी.ई.ओ. की भूमिका के लिए मोलेनकॉफ के नाम पर विचार किए जाने में दो बातों का योगदान था। पहली बात तो यह थी कि मोबाइल के क्षेत्र में क्वालकॉम ने खासी सफलता हासिल की थी और दूसरी बात यह थी कि बामर ने माइक्रोसॉफ्ट के विश्लेषक-दिवस पर एक प्रस्तुति के दौरान क्वॉलकॉम का उल्लेख किया था।

सी.ई.ओ. की भूमिका के लिए मोलेनकॉफ के नाम पर विचार किए जाने में दो बातों का योगदान था। पहली बात तो यह थी कि मोबाइल के क्षेत्र में क्वालकॉम ने खासी सफलता हासिल की थी और दूसरी बात यह थी कि बामर ने माइक्रोसॉफ्ट के विश्लेषक-दिवस पर एक प्रस्तुति के दौरान क्वॉलकॉम का उल्लेख किया था।

उनका कहना था कि टैबलेट और स्मार्टफोन के रूप में मोबाइल कंप्यूटिंग के चलन का इस कंपनी ने सफलतापूर्वक लाभ उठाया है। बहरहाल, यह खबर जैसे ही फैली, इसके कुछ घंटों के अंदर ही क्वॉलकॉम ने मोलेनकॉफ को तरक्की देकर सी.ई.ओ. बनाने की घोषणा कर दी। क्वॉलकॉम के पूर्व सी.ई.ओ. पॉल जैकब्स को कंपनी का चेयरमैन बना दिया गया।

माइक्रोसॉफ्ट के तीसरे सी.ई.ओ. की भूमिका के लिए जिन अन्य नामों पर विचार किया गया, उनमें जूली-लार्सन ग्रीन, क्यूई लू और पॉल मारिज शामिल थे।

जूली-लार्सन ग्रीन को एक समय में बामर के उत्तराधिकारी के रूप में जाना जाता था और जुलाई 2013 में उन्हें माइक्रोसॉफ्ट के 'डिवाइसेज

एंड स्टूडियोज इंजीनियरिंग' ग्रुप का प्रभारी बनाया गया था। फरवरी 2014 में यह घोषणा की गई कि वह अब माइक्रोसॉफ्ट की 'माई लाइफ एंड वर्क' टीम की मुख्य अनुभव अधिकारी (चीफ एक्सपीरियंस ऑफिसर) के रूप में काम करेंगी।

माइक्रोसॉफ्ट में उन्होंने सर्च के क्षेत्र में याहू से भागीदारी कराने में भूमिका निभाई और बिंग की शुरुआत की। माइक्रोसॉफ्ट में एक कार्यकारी उपाध्यक्ष के रूप में काम करते हुए क्यूई लू बामर की भूमिका के लिए एक सशक्त दावेदार थे।

क्यूई लू ने पहले आई.बी.एम. और याहू के लिए काम किया था। उन्होंने वर्ष 2008 में याहू छोड़ दिया था और जब वह वेंचर कैपिटल में अवसरों की तलाश कर रहे थे, तब स्टीव बामर ने उन्हें निजी तौर पर कंपनी में लिया। माइक्रोसॉफ्ट में उन्होंने सर्च के क्षेत्र में याहू से भागीदारी कराने में भूमिका निभाई और बिंग की शुरुआत की। माइक्रोसॉफ्ट में एक कार्यकारी उपाध्यक्ष के रूप में काम करते हुए क्यूई लू बामर की भूमिका के लिए एक सशक्त दावेदार थे।

दूसरी ओर पॉल मारिज ने माइक्रोसॉफ्ट के लिए लगभग चौदह साल तक काम किया था। इस विशाल कंपनी में बिल गेट्स और स्टीव बामर के बाद उनका नाम प्राय: वरिष्ठतम कार्यकारी अधिकारी के रूप में लिया जाता था। वह माइक्रोसॉफ्ट के ज्यादातर डेस्कटॉप और सर्वर सॉफ्टवेयर के लिए जिम्मेदार माने जाते थे। विंडोज 95, विंडोज एन.टी. और इंटरनेट एक्सप्लोरर जैसी प्रमुख पहलों में उनका ही हाथ था। बामर को यह कहते हुए उद्धृत किया गया है कि मारिज 'नेतृत्वकर्ताओं के नेतृत्वकर्ता' हैं और बिल गेट्स ने उल्लेख किया कि मारिज की दृष्टि एवं प्रौद्योगिकीय समझ का काफी प्रभाव न केवल माइक्रोसॉफ्ट पर, बल्कि

पूरे कंप्यूटर उद्योग पर पड़ा है। माइक्रोसॉफ्ट से निकलने के बाद मारिज कई उपक्रमों के अभिन्न अंग बने, जिनमें पी कॉरपोरेशन (Pi Corporation), वी.एम. वेयर (VMware) और पाइवोटल (Pivotal) शामिल थे और फिर वर्ष 2013 के उत्तरार्द्ध में बामर के उत्तराधिकारी के रूप में मारिज के नाम पर विचार किया जा रहा था।

और फिर सत्य नडेला थे। नडेला वर्ष 1992 में माइक्रोसॉफ्ट में आए और जल्द ही उन्होंने एक ऐसे नेतृत्वकर्ता के रूप में ख्याति अर्जित कर ली, जो प्रौद्योगिकियों और कारोबारों की पूरी संभावनाओं का दोहन कर सकते थे।

नडेला ने जिस तेजी से माइक्रोसॉफ्ट पर अपना असर छोड़ा है, उससे यह साफ हो जाता है कि विविध क्षेत्रों और संगठनों के दिग्गजों पर विचार करने के बाद चयन समिति ने नडेला को क्यों चुना?

जो लोग जाहिर-सी बात के आगे देखने की योग्यता रखते हैं, वे मानते हैं कि अपनी प्रौद्योगिक-प्रिय अभिमुखता और अज्ञात के लिए जुनून के मामले में नडेला अपने मार्गदर्शक बिल गेट्स के प्रतिबिंब हैं। फिर भी, करीबी नजर डालने पर पता चलता है कि शिष्य ने संभवत: आनेवाले वक्त में अपने मार्गदर्शक की चमक को भी धीमा कर देने के संकेत प्रदर्शित किए थे। नडेला ने जिस तेजी से माइक्रोसॉफ्ट पर अपना असर छोड़ा है, उससे यह साफ हो जाता है कि विविध क्षेत्रों और संगठनों के दिग्गजों पर विचार करने के बाद चयन समिति ने नडेला को क्यों चुना? नडेला की आंशिक निगरानी में कॉरपोरेट-केंद्रित कारोबार का पिछले एक साल में माइक्रोसॉफ्ट की कुल कमाई में करीब दो-तिहाई योगदान किया।

लेकिन माइक्रोसॉफ्ट वर्तमान में जो धन कमाता है, वह चिंता की

बात नहीं है। बामर ने अपने तरीके से कमाई का पर्याप्त ध्यान रखा था। हालाँकि माइक्रोसॉफ्ट के लिए यह अहम है कि जिन उत्पादों (जैसे कि विंडोज और ऑफिस) की वजह से वह आज यहाँ तक पहुँचा है, उनका पोषण करे, लेकिन यह अनिवार्य है कि भविष्य की प्रौद्योगिकियों पर माइक्रोसॉफ्ट की नजर बनी हुई है। इसलिए ऐसे उत्पाद और नव-प्रवर्तन अहम हैं, जो माइक्रोसॉफ्ट को प्रौद्योगिकी के उपभोक्ताकरण के साथ संरेखित करते हैं। किसी से भी अधिक नडेला ने दिखाया है कि वह इसे समझते हैं और इसे अपने मुख्य कार्यों में से एक मानते हैं। माइक्रोसॉफ्ट एज्योर पर उनका काम इसका प्रदर्शन करता है।

नडेला ने तेजी और आसानी से कार्य करने की दिशा में अपनी पूर्व अभिरुचि को उजागर किया है, जो कि माइक्रोसॉफ्ट में अन्य किसी के भी द्वारा अद्वितीय है। यह बात खास तौर पर उन निवेशकों और अन्य पक्षों के लिए उत्साहित करने वाली है, जिन्होंने एक ऐसे नेतृत्वकर्ता पर अपनी नजरें गड़ा रखी थीं, जो माइक्रोसॉफ्ट को नई दिशा में ले जा सकता है।

नडेला की ख्याति है कि वह बैठकों में सिर्फ उस उत्पाद की सूचना के साथ नहीं जाते हैं, जिस पर चर्चा की जानी है, बल्कि ऐसे दो या तीन अन्य उत्पादों की सूचनाएँ भी रखते हैं, जो अन्य लोगों ने सोचा भी न हो कि वे इससे जुड़े हुए हैं।

नडेला जो कुछ भी हाथ में लेते हैं, उसके लिए पूरी तैयारी और संपूर्णता के लिए जाने जाते हैं। यह एक अन्य कारण है कि बहुत से लोग नए सी.ई.ओ. को परिणामों के लिए गौर करेंगे। नडेला की ख्याति है कि वह बैठकों में सिर्फ उस उत्पाद की सूचना के साथ नहीं जाते हैं, जिस पर चर्चा की जानी है, बल्कि ऐसे दो या तीन अन्य उत्पादों की सूचनाएँ भी

रखते हैं, जो अन्य लोगों ने सोचा भी न हो कि वे इससे जुड़े हुए हैं। यह आँकड़ा-केंद्रित सहज-ज्ञान नडेला को तसवीर के विभिन्न छोटे टुकड़ों को ऐसे तरीके से जोड़ने में मदद कर सकने वाली थी, जैसा कि उनके पूर्ववर्तियों द्वारा नहीं किया गया है।

सबसे अहम बात यह है कि नडेला अपने अत्यंत अंतर्वैयक्तिक कौशल के लिए और वह जिस तरह से लोगों से जुड़ते हैं, के लिए जाने जाते हैं। सी.ई.ओ. के तौर पर बामर के दौर के बाद यह बात अन्य किसी भी चीज से ज्यादा अहम हो जाती है। यह ऐसा गुण है जो लोगों को एक साथ मिलकर काम करने के लिए प्रेरित करेगा और वे अन्य मसलों पर ध्यान भटकाने की बजाय नव-प्रवर्तनों पर अपना अधिक ध्यान केंद्रित करेंगे।

घोषणा

4 फरवरी, 2014 को घोषणा की गई। नडेला की तरक्की के तुरंत बाद बिल गेट्स ने एक साक्षात्कार में कहा, ''सत्या एक सिद्ध नेतृत्वकर्ता हैं, जिनके पास विशुद्ध अभियांत्रिकी कुशलताएँ, कारोबारी दृष्टि और लोगों को साथ जोड़ने की योग्यता है। दुनिया भर में प्रौद्योगिकी का कैसा इस्तेमाल और अनुभव किया जाएगा, इस बारे में उनकी दृष्टि सटीक रूप से वही है जिसकी माइक्रोसॉफ्ट को जरूरत है, जैसा कि कंपनी विस्तारित उत्पाद नव-प्रवर्तन व वृद्धि के अगले अध्याय में प्रवेश कर रही है।''[12]

नडेला के सी.ई.ओ. का पदभार सँभालने के साथ ही बहुत से लोग उनसे माइक्रोसॉफ्ट में नव-प्रवर्तन के लिए अथक सक्रियता और

12. 'Satya Nadella named Microsoft CEO as Bill Gates steps down as chairman, theguardian.com, 4 February, 2014

सहकार्यता की भावना को लाने की उम्मीद करते हैं। अपनी पदोन्नति के तुरंत बाद नडेला ने माइक्रोसॉफ्ट के तमाम कर्मचारियों को जो इ-मेल संदेश भेजा था, उसमें भी ये दोनों बातें सुस्पष्ट थीं।

नडेला के सी.ई.ओ. का पदभार सँभालने के साथ ही बहुत से लोग उनसे माइक्रोसॉफ्ट में नव-प्रवर्तन के लिए अथक सक्रियता और सहकार्यता की भावना को लाने की उम्मीद करते हैं।

माइक्रोसॉफ्ट के तीसरे सी.ई.ओ. के रूप में नियुक्ति के बाद नडेला पेप्सिको की इंदिरा नूई, सिटीग्रुप के विक्रम पंडित, स्टैंडर्ड चार्टर्ड बैंक के राणा तलवार और मास्टर कार्ड के अजय बंगा की श्रेणी में शामिल हो गए हैं। वास्तव में, दुनिया में बाजार पूँजीकरण के हिसाब से चौथी सबसे बड़ी कंपनी के मुखिया के तौर पर उनके बारे में यह भी कहा जा सकता है कि उन्होंने भारत या अन्यत्र से अपने नामी समकक्षों को भी पीछे छोड़ दिया है। □

भाग–4

खेल बदलनेवाला

'इस कारोबार में लंबी आयु खुद का फिर से आविष्कार करने या भविष्य का आविष्कार करने में सक्षम होने के बारे में है। हमारे मामले में, उनतालीस साल की सफलता को देखें तो यह खुद का फिर से आविष्कार करने के बारे में अधिक है। हमें महान् सफलताएँ मिलीं, लेकिन हमारा भविष्य हमारे अतीत की सफलता के बारे में नहीं है। यह उसके बारे में होने वाला है कि हम उन चीजों का आविष्कार करते हैं या नहीं, जो वास्तव में हमारे भविष्य को संचालित करने जा रही हैं।'[13]

❖ ❖ ❖

माइक्रोसॉफ्ट में 4 फरवरी, 2014 का दिन घटनापूर्ण था। कंपनी के इतिहास में नडेला ने तीसरे मुख्य कार्यकारी अधिकारी का पद सँभाला और यह घोषणा की गई कि बिल गेट्स एक केंद्रीय भूमिका निभाते हुए नए सी.ई.ओ. के प्रौद्योगिकी सलाहकार होंगे।

ये दोनों उद्घोषणाएँ ऐसे वक्त में की गईं, जब माइक्रोसॉफ्ट मोबाइल और अन्य तीव्र गति से आगे बढ़ रही प्रौद्योगिकियों को पकड़ने की अपनी सर्वोत्तम कोशिश कर रहा था, जिसमें इसका क्लाउड सर्विसेज में अपना

13. 'New York Times, 21 February, 2014

प्रभाव बनाना भी शामिल था, लेकिन आंतरिक और बाह्य रूप में माइक्रोसॉफ्ट के लिए यह एक तूफानी दौर था।

इस विशाल कंपनी के अंदर नए नेतृत्व की तलाश में लगे छह माह के दौरान असुरक्षा और उथल–पुथल का माहौल बन गया था, जिसे तेजी से शांत किया जाना जरूरी था। टीमों को अधिक बड़े स्तर पर एकजुटता और पारदर्शिता को प्रदर्शित करना था, और नव–प्रवर्तन एवं बाजार–संचालन का पूरी तरह से नया ब्रांड स्थापित करना था। बाह्य रूप से भी, पिछले वर्षों में माहौल तेजी से बदलता रहा है और नडेला को अपनी नई भूमिका के शुरुआती कुछ महीनों में ही प्रौद्योगिकी के बढ़ते उपभोक्ताकरण से निपटना था।

इस विशाल कंपनी के अंदर नए नेतृत्व की तलाश में लगे छह माह के दौरान असुरक्षा और उथल-पुथल का माहौल बन गया था, जिसे तेजी से शांत किया जाना जरूरी था। टीमों को अधिक बड़े स्तर पर एकजुटता और पारदर्शिता को प्रदर्शित करना था, और नव-प्रवर्तन एवं बाजार-संचालन का पूरी तरह से नया ब्रांड स्थापित करना था।

आगे की चुनौतियाँ और अपेक्षाएँ

कई लोगों, जिनमें विश्लेषक और मीडियाकर्मी भी शामिल हैं, ने सलाह दी है कि नडेला को अपने ताजा अवतार में क्या करना चाहिए और क्या नहीं करना चाहिए। हालाँकि कई सुझाव अर्थपूर्ण हो सकते हैं, लेकिन ज्यादातर प्रस्ताव माइक्रोसॉफ्ट और प्रतियोगी कंपनियों के उत्पादों एवं सेवाओं की विशेष खासियतों व गुणों की तुलना भर थे। वे कोई व्यापक समीक्षा नहीं कर रहे थे।

हालाँकि छोटी-छोटी विशेषताएँ बदलती रहती हैं, खासतौर पर तेजी से विकसित होते जा रहे प्रौद्योगिकी के क्षेत्र में; लेकिन सूक्ष्म विश्लेषण बदलते वक्त के साथ अहमियत नहीं भी रख सकते हैं। इसलिए माइक्रोसॉफ्ट के नए सी.ई.ओ. अपने संगठन के लिए क्या कर सकते हैं? और वाकई, दुनिया उनसे और उनके द्वारा संचालित कंपनी से क्या अपेक्षा रख सकती है?

पूर्व सी.ई.ओ. की 'देनदारी' को मौजूदा सी.ई.ओ. की 'परिसंपत्ति' बनाना

यह दूसरी बार था, जब माइक्रोसॉफ्ट के एक सी.ई.ओ. को एक ऐसे शख्स के साथ काम करना था, जो महाकायों को भी बौना कर देता है।

पहला मौका तब आया, जब स्टीव बामर ने कंपनी की कमान सँभाली और बिल गेट्स कंपनी के चेयरमैन बन गए। कहा जाता है कि हार्वर्ड के इन दो पूर्व साथियों के बीच सत्ता-संघर्ष चला, जिससे बामर-काल के शुरुआती वर्षों में कंपनी के कई फैसलों में विलंब हुआ और उत्पाद रणनीति भी प्रभावित हुई। कहा जाता है कि कुछ अवसरों पर वरिष्ठ अधिकारियों को दोनों के बीच मध्यस्थता करनी पड़ी और कम-से-कम एक अवसर तो ऐसा आया, जब बामर के साथ गरमागरम बहस के बाद बिल गेट्स खीजते हुए कमरे से बाहर निकल गए।

कहा जाता है कि कुछ अवसरों पर वरिष्ठ अधिकारियों को दोनों के बीच मध्यस्थता करनी पड़ी और कम-से-कम एक अवसर तो ऐसा आया, जब बामर के साथ गरमागरम बहस के बाद बिल गेट्स खीजते हुए कमरे से बाहर निकल गए।

दोनों की दृष्टियों के बीच अंतर के कारण जो उत्पाद प्रभावित हुआ, वह था– नेटडॉक्स (NetDocs)। नेटडॉक्स एक ऐसा कदम था, जिससे कि माइक्रोसॉफ्ट ने इंटरनेट पर वर्ड प्रोसेसिंग जैसे सॉफ्टवेयर प्रोग्राम देने की पेशकश की।

उदाहरण के लिए, दोनों की दृष्टियों के बीच अंतर के कारण जो उत्पाद प्रभावित हुआ, वह था— नेटडॉक्स (NetDocs)। नेटडॉक्स एक ऐसा कदम था, जिससे कि माइक्रोसॉफ्ट ने इंटरनेट पर वर्ड प्रोसेसिंग जैसे सॉफ्टवेयर प्रोग्राम देने की पेशकश की। यह उससे पहले की बात है, जब गूगल और अन्य प्रौद्योगिकी कंपनियों ने माइक्रोसॉफ्ट के 'ऑफिस' विशेषाधिकार के मुकाबले इंटरनेट आधारित प्रतिद्वंद्वियों के प्रस्ताव देने प्रारंभ किए। ऐसी संभावना थी कि 'नेटडॉक्स' माइक्रोसॉफ्ट के 'ऑफिस' कार्यक्रमों की बिक्री को ही खा जाए। खतरा भयावह था, क्योंकि कंपनी के लिए 'माइक्रोसॉफ्ट ऑफिस' आमदनी का मुख्य जरिया था। बिल गेट्स और स्टीव बामर साझा योजना पर सहमत नहीं हो सके, और नतीजा यह हुआ कि 'नेटडॉक्स' की अकाल मृत्यु हो गई। लेकिन यदि उस समय के नेतृत्व द्वारा एकजुट होकर निर्णय ले लिया जाता तो नेटडॉक्स ऐसा उत्पाद था, जो कंपनी के लिए कुछ हो सकता था।

माइंडट्री लिमिटेड के अध्यक्ष और सी.ओ.ओ. के रूप में इस उद्योग की एक नामी हस्ती एन.एस. पार्थसारथी की यह टिप्पणी गौर करने लायक है, ''मैं एक प्रौद्योगिकी सलाहकार के रूप में बिल गेट्स की भूमिका को लेकर चिंतित हूँ। अगर इसके पीछे मंशा यह है कि विविध दावेदारों को थोड़ा सुकून दिया जाए तो यह बढ़िया है। लेकिन ईमानदारी की बात है कि इस तीव्र परिवर्तनशील प्रौद्योगिकी दुनिया में अगर आप इससे गहरे

स्तर पर संपर्क में नहीं हैं तो आप जल्द ही अप्रासंगिक हो जाते हैं। यह भी संभव है कि नडेला ने ही बिल से इस बारे में अनुरोध किया हो, जो कि एक अच्छी चीज है। सबसे महत्त्वपूर्ण बात यह होगी कि नडेला को काम करने की पूरी आजादी दी जाए और उन्हें पिछले फैसलों एवं नजरिए से बाधित न किया जाए। मुझे एक प्रसिद्ध चीनी कहावत याद आती है, जो कि तमाम उद्यमियों के लिए बहुत ही प्रासंगिक है—'तीन चीजों पर दृढ़ता से फैसला लें—खेल के नियम, दावे और छोड़ने का वक्त।'"

> सबसे महत्त्वपूर्ण बात यह होगी कि नडेला को काम करने की पूरी आजादी दी जाए और उन्हें पिछले फैसलों एवं नजरिए से बाधित न किया जाए। मुझे एक प्रसिद्ध चीनी कहावत याद आती है, जो कि तमाम उद्यमियों के लिए बहुत ही प्रासंगिक है–'तीन चीजों पर दृढ़ता से फैसला लें–खेल के नियम, दावे और छोड़ने का वक्त।'

बामर जब सी.ई.ओ. बने थे, तब उनकी तुलना में नडेला संभवत: एक बेहतर स्थिति में हैं। पहली बात, बिल गेट्स ने वर्ष 2000 में जब सी.ई.ओ. की भूमिका छोड़ी थी, उसकी तुलना में आज ऐसा प्रतीत होता है कि नडेला को स्वतंत्रतापूर्वक काम करने देने की इच्छा ज्यादा है। यह भी लगता है कि नए सी.ई.ओ. के लिए पक्का आदर है, जैसा कि गेट्स ने हाल के दिनों में कई बार बातचीत में खुशी से जाहिर किया है। दूसरी बात, बामर और नडेला के मिजाज में महत्त्वपूर्ण फर्क है। माइक्रोसॉफ्ट के तीसरे सी.ई.ओ. लोगों से जुड़ने की अपनी योग्यता के लिए जाने जाते हैं, जिससे वह लोगों से गलत तरह से व्यवहार करने की बजाय मान-मनौवल से काम लेते हैं। इस गुण के कारण वह बिल गेट्स की मौजूदगी को एक भार बनाने की बजाय अपनी ताकत के रूप में इस्तेमाल कर पाएँगे।

अंततः बिल गेट्स को सी.ई.ओ. का पद छोड़े हुए चौदह साल बीत चुके हैं। वह जानते हैं कि वह एक सलाहकार की भूमिका में कंपनी को ज्यादा योगदान दे सकते हैं, खासकर प्रौद्योगिकी के क्षेत्र में, जो उनकी ताकत रही है। इसलिए प्रौद्योगिकी सलाहकार के रूप में बिल गेट्स नडेला की सबसे बड़ी पूँजी साबित हो सकते हैं।

मेटलाइफ–ग्लोबल ऑपरेशन सपोर्ट सर्विस के चेयरमैन एवं एम.डी. कुश कामरा ठीक कहते हैं—"मैं सोचता हूँ कि यह एक सकारात्मक बात है। गेट्स दीर्घ अनुभवी और दूरदर्शी हैं और नडेला इसके पूरक के तौर पर अपने उत्साह से माइक्रोसॉफ्ट को फिर से नेतृत्व की स्थिति में स्थापित करेंगे। जब तक वे व्यक्तिगत टकराव से बचेंगे (जैसा कि बामर और गेट्स के साथ शुरुआती दिनों में हुआ था), यह एक सुखद विवाह होना चाहिए।"

'वन माइक्रोसॉफ्ट' के जरिए सहकार्यता का निर्माण

'वन माइक्रोसॉफ्ट' पहल की शुरुआत तभी हो गई थी, जब स्टीव बामर कंपनी के शिखर पर थे; लेकिन नडेला के सी.ई.ओ. बनने के कुछ महीने पहले ही यह काम हुआ था। नडेला को यह श्रेय जाता है कि उन्होंने प्रमुख लोगों के पुनर्गठन के प्रति संपूर्ण प्रतिबद्धता प्रदर्शित की है। यह ऐसा कदम है, जो 'वन माइक्रोसॉफ्ट' के सपने को साकार करने में अहम होगा।

जब स्टीव बामर कंपनी के शिखर पर थे; लेकिन नडेला के सी.ई.ओ. बनने के कुछ महीने पहले ही यह काम हुआ था। नडेला को यह श्रेय जाता है कि उन्होंने प्रमुख लोगों के पुनर्गठन के प्रति संपूर्ण प्रतिबद्धता प्रदर्शित की है।

जो बेल्फियोर और डेविड

ट्रेडवेल का ही मामला देख लें। पहले बेल्फियोर 'विंडोज फोन डिवीजन' का हिस्सा थे, जबकि ट्रेडवेल 'एक्सबॉक्स सॉफ्टवेयर एंड सर्विसेज इंजीनियरिंग' के प्रमुख थे। इन भूमिकाओं में वे माइक्रोसॉफ्ट के अंतर्गत अलग-अलग लड़ाई लड़ने के लिए जाने जाते थे। वर्ष 2013 में पुनर्गठन के बाद माइक्रोसॉफ्ट के दोनों वरिष्ठ अधिकारी—बेल्फियोर और ट्रेडवेल अब ऑपरेटिंग सिस्टम्स ग्रुप का हिस्सा हैं। इसमें विंडोज, एक्सबॉक्स और विंडोज फोन जैसे प्रमुख ब्रांड शामिल हैं, जो पहले अलग-अलग डिवीजनों के हिस्सा रहे थे। अपनी मौजूदा भूमिकाओं में बेल्फियोर आगे का मोर्चा सँभालेंगे, जबकि ट्रेडवेल पी.सी., टैबलेट और फोन प्लेटफॉर्म्स के लिए ऑपरेटिंग सिस्टम्स का पीछे का कार्यभार सँभालेंगे। नडेला ने इस कदम से वाकई क्या हासिल किया कि 'विंडोज पी.सी.', टैबलेट और फोन के अलग-अलग डिवीजनों को आपसी सहयोग से मिलकर काम करने का रास्ता प्रशस्त किया।

कोर्टाना (Cortana) और यूनिवर्सल विंडोज (Universal Windows) 'वन माइक्रोसॉफ्ट' मुहिम के स्पष्ट उदाहरण हैं। कोर्टाना एक पी.डी.ए. (पर्सनल डिजिटल असिस्टेंट) है, जो एप्पल के सिरि (Siri) और गूगल नाऊ (Google Now) को रेडमंड (माइक्रोसॉफ्ट का मुख्यालय) का जवाब है। यह 'बिंग' के सर्च इंजन पर निर्भर है। इसका अर्थ यह है कि

कोर्टाना एक पी.डी.ए. (पर्सनल डिजिटल असिस्टेंट) है, जो एप्पल के सिरि (Siri) और गूगल नाऊ (Google Now) को रेडमंड (माइक्रोसॉफ्ट का मुख्यालय) का जवाब है। यह 'बिंग' के सर्च इंजन पर निर्भर है। इसका अर्थ यह है कि 'विंडोज फोन' और 'बिंग' टीम को करीबी सहयोग से काम करने की जरूरत होगी।

'विंडोज फोन' और 'बिंग' टीम को करीबी सहयोग से काम करने की जरूरत होगी। 'विंडोज यूनिवर्सल एप्स' भी वही लाभ पहुँचाता है। विविध प्लेटफॉर्म्स के लिए समान एप्स (एप्लीकेशन्स) रखने से न सिर्फ बिक्री बढ़ेगी, बल्कि इससे भी अहम बात यह है कि कंपनी के अंदर विभिन्न डिवीजनों को मिलकर काम करने के लिए बाध्य करेगी।

संभावना यही है कि 'वन माइक्रोसॉफ्ट' के जरिए जो सहयोग का माहौल बनेगा, उससे यह सुनिश्चित होगा कि अंदरूनी लड़ाई और उसके परिणामस्वरूप नव-प्रवर्तनकारी उत्पादों के अभाव के कारण संगठन को अपनी बाजार-हिस्सेदारी प्रतिस्पर्धी को नहीं खोना पड़ेगा, जैसा कि अतीत में हुआ था। यह एक सांस्कृतिक बदलाव है, जो नडेला माइक्रोसॉफ्ट में लाने के लिए उत्सुक है। और किसी भी अन्य चीज की तुलना में, यह अनुक्रिया-समय (रिस्पांस टाइम) व नव-प्रवर्तन (इनोवेशन) को बढ़ावा देगा।

नव-प्रवर्तनों को बाजार में उतारना

यह देखकर आश्चर्य लगता है कि माइक्रोसॉफ्ट के कितने ही उत्पाद वास्तव में बाजार में 'सर्वप्रथम' प्रकार के रहे हो सकते थे—लेकिन अंततः वे ऐसा नहीं हो सके थे! या दूसरे शब्दों में कहें तो सभी नव-प्रवर्तनकारी उत्पाद जो माइक्रोसॉफ्ट ने बनाए थे, वे केवल ध्यान-केंद्रण खो देने और प्रतिस्पर्धियों को नेतृत्व करने की अनुमति दे देने के लिए थे।

अमेजन जब अपनी किंडल (Kindle) श्रृंखला के इ-रीडर (e-reader) की अवधारणा के साथ सामने आया था, उसके नौ वर्ष पूर्व ही माइक्रोसॉफ्ट ने एक इ-रीडर का आदि-प्रारूप (प्रोटोटाइप) विकसित कर लिया था। यह वर्ष 1998 की बात थी। इस उत्पाद को बिल गेट्स द्वारा गोली मार दी गई थी। बाद में एक अगले संस्करण, जिसे

'माइक्रोसॉफ्ट रीडर' (Microsoft Reader) पुकारा गया था, बाजार में उतारा गया था, लेकिन यह वास्तव में कुछ खास नहीं कर पाया।

माइक्रोसॉफ्ट के 'कूरियर' (Courier) को तभी बाजार में लाया जा सकता था, जब एप्पल ने अपना आईपैड (iPad) उतारा था, लेकिन बाजार में आने से पहले ही इसे ठंडे बस्ते में डाल दिया गया था। नतीजा यह हुआ कि एप्पल का आईपैड आज टैबलेट बाजार का नेतृत्व करता है।

माइक्रोसॉफ्ट के 'कूरियर' (Courier) को तभी बाजार में लाया जा सकता था, जब एप्पल ने अपना आईपैड (iPad) उतारा था, लेकिन बाजार में आने से पहले ही इसे ठंडे बस्ते में डाल दिया गया था। नतीजा यह हुआ कि एप्पल का आईपैड आज टैबलेट बाजार का नेतृत्व करता है।

नेटडॉक्स (NetDocs) गूगल या अन्य किसी भी अन्य प्रतिस्पर्धियों के आने से पहले ही बाजार में रहा हो सकता था, लेकिन यह मौका भी खो दिया गया। बहरहाल, माइक्रोसॉफ्ट ने अपने बिखराव को सँभाला और 'ऑफिस 365' की शुरुआत की। अब 'ऑफिस 365' गूगल एप्स से बहुत हद तक तुलना करने योग्य है और कई लोग इसे बेहतर मानते हैं कि क्लाउड आधारित बिजनेस एप्लीकेशन के क्षेत्र में 'ऑफिस 365' एक प्रमुख दावेदार होगा। इसके बाद था 'माइक्रोसॉफ्ट सर्फेस' (इसे सर्फेस टैबलेट के साथ भ्रमित नहीं होना चाहिए)। बामर ने वर्ष 2007 में 'माइक्रोसॉफ्ट सर्फेस' की एक टेबलटॉप कंप्यूटिंग डिवाइस के तौर पर शुरुआत की थी। 'सर्फेस' को 'आईफोन' की तरह बनाया गया था। अगर माइक्रोसॉफ्ट ने आकार, पहुँच और कीमत जैसे कारकों पर काम किया होता तो 'सर्फेस' ग्राहकों की जेबों में उसी तरह घुसाया जा रहा होता, जैसे कि

आज आईफोन का इस्तेमाल किया जाता है, लेकिन ऐसा नहीं किया गया और ग्राहकों द्वारा अपने ऑफिस डेस्क के लिए अनुपयुक्त मशीन मानकर ठुकरा दिया गया। इसी तरह से, 'विंडोज फोन' दुनिया में पहला वास्तविक स्मार्टफोन हो सकता था, लेकिन टच इंटरफेस की अनुपस्थिति और वर्ष 2009 तक एक समर्पित एप्प स्टोर के अभाव के कारण इसने आईफोन को स्मार्टफोन श्रेणी में सिरमौर बनने का अवसर दे दिया। बहरहाल, कंपनी के सी.ई.ओ. के रूप में नियुक्ति के बाद नडेला ने हाल में जो रणनीतिक कदम उठाए हैं, उससे यह सुनिश्चित हुआ है कि अपेक्षाकृत अहम क्षेत्रों में यह तेजी से अपने प्रतिस्पर्धियों के करीब पहुँच रहा है।

'विंडोज फोन' दुनिया में पहला वास्तविक स्मार्टफोन हो सकता था, लेकिन टच इंटरफेस की अनुपस्थिति और वर्ष 2009 तक एक समर्पित एप्प स्टोर के अभाव के कारण इसने आईफोन को स्मार्टफोन श्रेणी में सिरमौर बनने का अवसर दे दिया।

इस श्रेणी में अन्य दुर्घटना तब हुई, जब माइक्रोसॉफ्ट ने 'किन' (Kin) की पेशकश की। आईफोन जारी किए जाने के करीब तीन साल पहले ही वेरिजॉन (Verizon) ने 'किन' बेचना शुरू कर दिया था, लेकिन खराब बिक्री के कारण वेरिजॉन ने तमाम बिना बिके 'किन' फोन माइक्रोसॉफ्ट को वापस कर दिए।

अब 'ब्राउजर' का मामला लें। 'इंटरनेट एक्सप्लोरर' को जब लॉन्च किया गया था तो इसे नव-प्रवर्तनकारी ब्राउजर का एक मुख्य उदाहरण माना जाता था। माइक्रोसॉफ्ट ने एक्स.एम.एल.एच.टी.टी. पी.(XMLHTTP) ऑब्जेक्ट का आविष्कार किया था। {यह वेब

ब्राउज़र से वेब सर्वर को डाटा ट्रांसफर करने के लिए ऑब्जेक्ट ओरिएंटेड प्रोग्रामिंग (OOP) के रूप में एप्लिकेशन प्रोग्रामिंग इंटरफेस (ए.पी. आई.) है} इसने एजैक्स (AJAX) के जन्म का मार्ग प्रशस्त किया।

बहरहाल, वेब ब्राउजर बाजार में तकरीबन 95 फीसदी हिस्सा हासिल करने के बाद संगठन ने पैनापन खो दिया और आई.ई. (इंटरनेट एक्सप्लोरर) विकसित करनेवाले सबसे उम्दा इंजीनियरों में से कुछ को 'सिल्वरलाइट' (Silverlight) जैसी अन्य परियोजनाओं में लगा दिया। जहाँ माइक्रोसॉफ्ट 'एक्स.एम.एल. एच.टी.टी.पी. ऑब्जेक्ट' को भुनाने में विफल रहा, वहीं मोजिला (Mozilla) ने तुरंत ही अपने ब्राउजर में इसे 'एक्स.एम.एल.एच.टी. टी.पी. रिक्वेस्ट ऑब्जेक्ट' के तौर पर शामिल कर लिया। दिलचस्प रूप से, मोजिला के मामले में भी यह तब तक निष्क्रिय ही रहा, जब तक कि गूगल वर्ष 2004 में 'जी-मेल' (Gmail) लेकर नहीं आ गया और समृद्ध इंटरनेट इंटरफेस बनाने के लिए 'एक्स.एम.एल.एच.टी.टी.पी. रिक्वेस्ट' का वास्तव में इस्तेमाल नहीं कर लिया था। गूगल ने इसके जरिए अपने इंटरनेट इंटरफेस में विशेष प्रकार का 'कंप्यूटर कंट्रोल टाइमिंग प्रोटोकॉल' प्रदान किया था और अपने 'इ-मेल क्लाइंट' (या इ-मेल रीडर या मेल यूजर एजेंट) को किसी भी अन्य की तुलना में अधिक उपयोगकर्ता-अनुकूल (यूजर फ्रेंडली) बना लिया था। इस प्रकार 'एक्स.एम.एल.एच.

वेब ब्राउजर बाजार में तकरीबन 95 फीसदी हिस्सा हासिल करने के बाद संगठन ने पैनापन खो दिया और आई.ई. (इंटरनेट एक्सप्लोरर) विकसित करनेवाले सबसे उम्दा इंजीनियरों में से कुछ को 'सिल्वरलाइट' (Silverlight) जैसी अन्य परियोजनाओं में लगा दिया।

टी.टी.पी. रिक्वेस्ट' को लेकर गूगल के रुख ने इस बात की नींव रखी कि एजैक्स का किस तरह इस्तेमाल शुरू हुआ था। माइक्रोसॉफ्ट ने अंतत: अपने आप को जगाया और उसने अपने 'एक्स.एम.एल.एच.टी.टी.पी. एक्टिव-एक्स' ऑब्जेक्ट को 'एक्स.एम.एल.एच.टी.टी.पी. रिक्वेस्ट' ब्राउजर नेटिव ऑब्जेक्ट में बदला और इसका इस्तेमाल 'इंटरनेट एक्सप्लोरर 7' में किया। बहरहाल, इस बीच में, मोजिला फायरफॉक्स (Mozilla Firefox) और गूगल क्रोम (Google Chrome) जैसे आधुनिक ब्राउजर ने 'इंटरनेट एक्सप्लोरर' को पीछे छोड़ दिया।

उन सात वर्षों में 'हॉटमेल' को एक बड़े अवसर में बदलने के लिए कोई अहम नव-प्रवर्तन नहीं किया गया। नतीजा यह हुआ कि गूगल और जी-मेल ने वेब-मेल क्षेत्र को हिलाकर रख दिया।

गूगल ने वर्ष 2004 में जी-मेल की शुरुआत की। माइक्रोसॉफ्ट द्वारा वर्ष 1997 में हॉटमेल (Hotmail) के अधिग्रहण के सात साल बाद गूगल ने यह कदम उठाया। माइक्रोसॉफ्ट सात साल आगे था और इस दौरान वह 'हॉटमेल' को ज्यादा तगड़ा बना सकता था और उसमें ऐसी उपयोगिताओं को डाल सकता था, जैसा कि आज जी-मेल है। फिर भी, उन सात वर्षों में 'हॉटमेल' को एक बड़े अवसर में बदलने के लिए कोई अहम नव-प्रवर्तन नहीं किया गया। नतीजा यह हुआ कि गूगल और जी-मेल ने वेब-मेल क्षेत्र को हिलाकर रख दिया।

अब पी.सी. गेमिंग की बात करें तो आप संभवत: 'वॉल्व स्टीम' (Valve's Steam) के बारे में सोचेंगे। लेकिन माइक्रोसॉफ्ट ने वर्ष 2007 में ही 'गेम्स फॉर विंडोज लाइव' (GFWL) की शुरुआत की थी। फिर भी, यह पी.सी. गेमिंग बाजार पर कब्जा नहीं कर सका। ऐसा संभवत: सदस्यता-शुल्क-आधारित मॉडल या गेम्स स्टोर में नए खेलों के अभाव

के कारण हुआ हो सकता था।

अपने 'स्मार्ट वॉच' के साथ भी माइक्रोसॉफ्ट ने एक दूसरी नेतृत्वकारी शुरुआत की थी, लेकिन उनकी 'स्पॉट' (SPOT) घड़ी वर्ष 2008 में बंद कर दी गई। यह चाहे नकारात्मक उपयोगकर्ता-अनुभव के कारण हुआ हो या सदस्यता-शुल्क के कारण, माइक्रोसॉफ्ट की स्मार्ट घड़ी अपने लिए बाजार नहीं बना सकी। आज स्मार्ट घड़ियों की धूम है। एप्पल, सैमसंग, गूगल और सोनी जैसी कंपनियाँ स्मार्ट घड़ियों के अपने-अपने प्रतिरूप पर काम कर रही हैं। यह भी एक ऐसा क्षेत्र था, जिसमें अगर माइक्रोसॉफ्ट ने अवसर का पर्याप्त रूप से लाभ उठाया होता तो वह स्मार्ट घड़ी के क्षेत्र में मार्केट लीडर होता।

अपने 'स्मार्ट वॉच' के साथ भी माइक्रोसॉफ्ट ने एक दूसरी नेतृत्वकारी शुरुआत की थी, लेकिन उनकी 'स्पॉट' (SPOT) घड़ी वर्ष 2008 में बंद कर दी गई। यह चाहे नकारात्मक उपयोगकर्ता-अनुभव के कारण हुआ हो या सदस्यता-शुल्क के कारण, माइक्रोसॉफ्ट की स्मार्ट घड़ी अपने लिए बाजार नहीं बना सकी।

ऐसे कई उदाहरण हैं, जहाँ माइक्रोसॉफ्ट नव-प्रवर्तनकारी उत्पाद का लाभ उठाने में विफल हो गया या वक्त पर उत्पाद को लॉन्च करने का मौका गँवा दिया, जो बाद में उसके प्रतिस्पर्धियों के लिए बड़ी सफलता बन गया। जैसा कि उपर्युक्त उदाहरणों से जाहिर होता है, माइक्रोसॉफ्ट ने यह बार-बार प्रदर्शित किया है कि उसके पास नव-प्रवर्तन करने की ताक़त है। आज ऐसी कंपनियाँ बेहद कम हैं जो इस तरह का दावा कर सकती हैं। माइक्रोसॉफ्ट के लिए जो जरूरी है, वह यह है कि वह अपने नव-प्रवर्तन का बाजार की वास्तविकता के साथ जोड़े और फिर दृढ़ता से उसे लागू करे। एक नेतृत्वकारी उत्पाद को लेकर आना निर्विवाद रूप

से पहली प्राथमिकता है, लेकिन सतत सीखने और अनुकूलन के जरिए नेतृत्वकारी स्थिति बनाए रखना दूसरी अनिवार्यता है।

नडेला-गेट्स तालमेल क्या हासिल कर सकेगा

> **अपना काफी वक्त लोकोपकारी गतिविधियों में लगाते हैं जबकि उनके प्रतिस्पर्धी आज भी ताजा-तरीन रुझानों और अवसरों पर पूरी तरह नजर गड़ाए रहते हैं। बहरहाल, यह नडेला का विशिष्ट गुण है, और ऐसे कम ही लोग हैं, जो कारोबार एवं उभरते रुझानों पर उनकी पकड़ का मुकाबला कर सकें।**

बिल गेट्स की टेक्नोलॉजी की समझ और 'ग्राहक क्या चाहते हैं' को लेकर उनकी गहरी अंतर्दृष्टि पर सवाल नहीं खड़ा किया जा सकता है। फिर, गेट्स को अब कंपनी के रोजमर्रा के संचालन का भार नहीं उठाना है। इससे वह कंपनी के बड़े मसलों पर अपना ध्यान केंद्रित कर सकेंगे और संभवत: यही वह क्षेत्र है, जहाँ नडेला वाकई उनके दिमाग का सदुपयोग कर सकते हैं। यह सही है कि बिल गेट्स अब बाजार पर उतना ध्यान नहीं लगाए रखते हैं, जितना वह कभी लगाते थे। वह दरअसल, अपना काफी वक्त लोकोपकारी गतिविधियों में लगाते हैं जबकि उनके प्रतिस्पर्धी आज भी ताजा-तरीन रुझानों और अवसरों पर पूरी तरह नजर गड़ाए रहते हैं। बहरहाल, यह नडेला का विशिष्ट गुण है, और ऐसे कम ही लोग हैं, जो कारोबार एवं उभरते रुझानों पर उनकी पकड़ का मुकाबला कर सकें।

एक टीम के रूप में नडेला और बिल गेट्स की जोड़ी माइक्रोसॉफ्ट के किसी भी प्रतिस्पर्धी के लिए दुर्जेय प्रतिद्वंद्वी साबित होगी। नडेला अपनी

अनूठी शक्तियों को अपने पूर्व मार्गदर्शक की ताकत के साथ जोड़कर माइक्रोसॉफ्ट के प्रतियोगियों को किस तरह पस्त करते हैं, यह आनेवाले दिनों में देखनेवाली अहम बात होगी।

'मोबाइल फर्स्ट' व 'क्लाउड फर्स्ट' में नेतृत्वकारी पकड़

बामर से कमान सँभालने के बाद नडेला ने जो पहला संकेत दिया, वह यह था कि अब से माइक्रोसॉफ्ट के लिए यह 'मोबाइल फर्स्ट' और 'क्लाउड फर्स्ट' की दुनिया होने वाली है। मीडिया से उनकी लगभग सभी बातचीत में इस बयान को पकड़ा जाता रहा है और वैसे भी यह स्पष्ट रूप से संपुटित करता है कि इस विशाल सॉफ्टवेयर कंपनी के लिए नए सी.ई.ओ. के इरादे क्या हैं? मोबाइल डिवाइसेज के बढ़ते बाजार ने पर्सनल कंप्यूटिंग में माइक्रोसॉफ्ट के 'विंडोज' सॉफ्टवेयर के महत्त्व को कम कर दिया है। ऑनलाइन स्पेस, जिसे उद्योग में 'क्लाउड सर्विसेज' के नाम से जाना जाता है, में भी माइक्रोसॉफ्ट को कड़ी प्रतियोगिता से जूझना पड़ रहा है।

बामर से कमान सँभालने के बाद नडेला ने जो पहला संकेत दिया, वह यह था कि अब से माइक्रोसॉफ्ट के लिए यह 'मोबाइल फर्स्ट' और 'क्लाउड फर्स्ट' की दुनिया होने वाली है।

अपनी तकनीकी विशेषज्ञता के लिए हालाँकि बिल गेट्स का काफी सम्मान किया जाता है, लेकिन स्मार्ट फोन कारोबार या यहाँ तक कि ऑनलाइन कारोबार के पहलुओं में भी उनके और कंपनी के फैसलों व रणनीतियों पर अतीत ने बहुत दयालुता से नहीं देखा है। जैसे कि ('इंटरनेट एक्सप्लोरर' की शुरुआती सफलता के बाद) ब्राउजर के क्षेत्र में नव-प्रवर्तन का अभाव, और लंबी देरी के बाद गूगल के सर्च बिजनेस को

पकड़ने के लिए माइक्रोसॉफ्ट की कोशिशें। यहाँ तक कि 'क्लाउड' सर्विसेज के प्रमुख क्षेत्रों में भी, माइक्रोसॉफ्ट ने अमेजन और इस अधिकार-क्षेत्र के अन्य विशिष्ट खिलाड़ियों के हाथों मौका गँवा दिया। बहरहाल, अपने शस्त्रागार में अधिक नए हथियारों के साथ माइक्रोसॉफ्ट इन दोनों ही क्षेत्रों के नेतृत्वकर्ताओं के लिए मजबूत प्रतिद्वंद्वी होने की ओर तेजी से बढ़ रहा है। आगे हम उन कुछ चीजों पर प्रकाश डालते हैं, जो नडेला और माइक्रोसॉफ्ट ने 'मोबाइल' व 'क्लाउड' क्षेत्र में अपनी उपस्थिति महसूस कराने के लिए उठाए हैं।

अपने शस्त्रागार में अधिक नए हथियारों के साथ माइक्रोसॉफ्ट इन दोनों ही क्षेत्रों के नेतृत्वकर्ताओं के लिए मजबूत प्रतिद्वंद्वी होने की ओर तेजी से बढ़ रहा है। आगे हम उन कुछ चीजों पर प्रकाश डालते हैं, जो नडेला और माइक्रोसॉफ्ट ने 'मोबाइल' व 'क्लाउड' क्षेत्र में अपनी उपस्थिति महसूस कराने के लिए उठाए हैं।

'क्लाउड' का युद्ध

माइक्रोसॉफ्ट का सी.ई.ओ. बनने के पहले नडेला ने कंपनी में एंटरप्राइज (उपक्रम) और उपभोक्ता कारोबार, दोनों में ही नेतृत्व पद सँभाला था। वह कंपनी के कुछ सबसे बड़े उत्पाद-प्रस्तावों को पूरी तरह बदल देने के लिए प्रौद्योगिकियों और व्यवसायों के विस्तार के आरपार सफल प्रदर्शन के लिए जाने जाते हैं। हाल के वर्षों में, उन्होंने क्लाउड के 'आधारभूत ढाँचा व सेवाओं' के कारोबार को पूरी तरह से बदले जाने का नेतृत्व किया, जिसने बाजार को मात कर दिया और अन्य खिलाड़ियों से अहम हिस्सा झपट लिया। जब उन्होंने क्लाउड सर्विसेज की कमान

वर्ष 2011 में सँभाली थी, तब इससे माइक्रोसॉफ्ट का राजस्व 16.6 अरब डॉलर्स था, जो वर्ष 2013 में बढ़कर 20.3 अरब डॉलर्स हो गया।

'क्लाउड' का बाजार जटिल है। इसके अंतर्गत बहुत सी सेवाएँ आती हैं और हर सेवा में अलग-अलग खिलाड़ी अड्डा जमाए हुए हैं। सरल शब्दों में, इन सेवा प्रस्तावों को इस प्रकार अलग-अलग किया जा सकता है—'इयास' (IaaS/ इन्फ्रास्ट्रक्चर एज सर्विस/सेवा के रूप में आधारभूत ढाँचा), 'पास' (PaaS/ प्लेटफॉर्म एज सर्विस/सेवा के रूप में इंटरनेट मंच) और 'सास' (SaaS/ सॉफ्टवेयर एज सर्विस/सेवा के रूप में सॉफ्टवेयर)। 'इयास' भंडारण (स्टोरेज) व कंप्यूटिंग के संसाधन उपलब्ध कराता है, जिनका उपयोग व्यावसायिक समाधान (बिजनेस सॅलूशन्स) पहुँचाने के लिए सॉफ्टवेयर विकासकर्ता (डेवलपर) और संगठन कर सकते हैं। 'पास' सॉफ्टवेयर विकासकर्ताओं को कंप्यूटिंग इन्फ्रास्ट्रक्चर के शीर्ष पर एप्लीकेशंस (अनुप्रयोग/ एप्प) बनाने का मौका देता है और इसमें ऐसे सॉफ्टवेयर टूल्स होते हैं, जिनकी मदद से विविध प्रकार की सेवाएँ दी जा सकती हैं। 'सॉस' विभिन्न प्रकार के सॉफ्टवेयर कार्यक्रमों (प्रोग्राम्स) का आथितेय (होस्ट) होता है, जिनसे आप जुड़ सकते हैं, और इस्तेमाल कर सकते हैं। इस क्षेत्र में प्रमुख खिलाड़ी हैं—अमेजन, गूगल, एप्पल, ड्रॉपबॉक्स और माइक्रोसॉफ्ट। कुछ और भी खिलाड़ी हैं; मगर माइक्रोसॉफ्ट क्रमशः अपना असर छोड़ने के करीब आता जा रहा है। इस वक्त विविध खिलाड़ियों

'सॉस' विभिन्न प्रकार के सॉफ्टवेयर कार्यक्रमों (प्रोग्राम्स) का आथितेय (होस्ट) होता है, जिनसे आप जुड़ सकते हैं, और इस्तेमाल कर सकते हैं। इस क्षेत्र में प्रमुख खिलाड़ी हैं—अमेजन, गूगल, एप्पल, ड्रॉपबॉक्स और माइक्रोसॉफ्ट।

द्वारा दी जा रही असंख्य पेशकशों में अनूठे अंतरों को पहचान पाना मुश्किल प्रतीत होता है।

अगर नडेला अपनी टीम के जरिए माइक्रोसॉफ्ट की 'क्लाउड' की पेशकशों में अहम अंतर स्थापित कर पाते हैं, तो यह उन पेशकशों को बाजार में अधिक उच्च दृश्यता (विज़िबिलिटी) प्रदान करने में लंबा रास्ता तय कर करेगा, जो तेजी से गड्ड-मड्ड होता जा रहा है। एंटरप्राइज (उपक्रम) कारोबार की अच्छी पकड़ होने के कारण उन्हें इसमें काफी मदद मिलनी चाहिए और यह एक ऐसा क्षेत्र है, जिस पर नडेला निकट भविष्य में अपनी टीम का ध्यान केंद्रित कर सकेंगे।

> क्लाउड सर्विसेज के शीर्ष खिलाड़ियों में माइक्रोसॉफ्ट ऐसी एक कंपनी है जिसके पास लागातार राजस्व भरोसेमंद जरिया है, तकनीकी ताकत है और है एक ध्यान-केंद्रित नया नेतृत्वकर्ता। अगर कीमत-युद्ध की नौबत आती है, तो माइक्रोसॉफ्ट निश्चित रूप से अमेजन को कड़ी टक्कर भी दे सकता है।

अन्य कारक है—कीमत। कम अंतर वाले किसी भी कारोबार में कीमत का तत्त्व हमेशा सौदा बनानेवाला या सौदा तोड़नेवाला होता है। इस क्षेत्र में तमाम बड़े खिलाड़ियों की बाजार में ऊँची साख है। अगर यह मान लें कि क्लाउड सर्विसेज देनेवाली कंपनियों की पूरी जमात तगड़ी कंप्यूटिंग, डेटाबेस और भंडारण (स्टोरेज) क्षमताएँ ('क्लाउड' की तीन मुख्य सेवाएँ) प्रदान करती हैं, तो सही 'क्लाउड' सेवा प्रदान करने वाली कंपनी चुनते वक्त बात अवश्यंभावी रूप से 'कीमत' पर आकर अटक जाएगी। अमेजन ने कीमत के मामले में अत्यधिक लचीलापन दिखाया है (यह कंपनी परंपरागत रूप से कम मुनाफे पर काम करती है), लेकिन

अन्य खिलाड़ी ऐसा करने के इच्छुक नहीं भी हो सकते हैं। बहरहाल, माइक्रोसॉफ्ट एक अलग 'प्राणी' है। अमेजन की कीमतों का मुकाबला करने के लिए उसने 'एज्योर' (Azure) को लेकर प्रतिबद्धता तब दिखाई, जब नडेला माइक्रोसॉफ्ट की 'क्लाउड एवं एंटरप्राइज' यूनिट के प्रमुख थे। अब वह कंपनी के सी.ई.ओ. हैं। क्लाउड सर्विसेज के शीर्ष खिलाड़ियों में माइक्रोसॉफ्ट ऐसी एक कंपनी है जिसके पास लागातार राजस्व भरोसेमंद जरिया है, तकनीकी ताकत है और है एक ध्यान-केंद्रित नया नेतृत्वकर्ता। अगर कीमत-युद्ध की नौबत आती है, तो माइक्रोसॉफ्ट निश्चित रूप से अमेजन को कड़ी टक्कर भी दे सकता है।

हाल में अमेजन ने कुल तिमाही नुकसान होने की खबर दी थी। नतीजा यह हुआ कि उसके शेयर की कीमत 10 फीसदी गिर गई। अमेजन के सी.एफ.ओ. टॉम स्कुटैट ने निवेशकों के साथ चर्चा में खुलासा करने की कोशिश की कि कीमतों में 28-51 फीसदी कटौती ग्राहकों को लुभाने के लिए की गई थी। बहरहाल, यह सवाल बना रह जाता है कि अमेजन कब तक सिर्फ कीमत के आधार पर 'क्लाउड' की सर्वोच्चता का युद्ध लड़ता रहेगा? उसके पास हालाँकि 7 अरब से ज्यादा की नकदी और लघुकालिक निवेश है; लेकिन यदि उसकी तुलना माइक्रोसॉफ्ट के 85 अरब डॉलर से करें तो यह एकदम फीकी पड़ जाती है और माइक्रोसॉफ्ट के निवेशक कीमतों में कटौती के प्रति खुला रवैया अपना सकते हैं, क्योंकि कंपनी को इस क्षेत्र में अपने पैर जमाने हैं; लेकिन क्या कीमत की खुली जंग से जुड़े नुकसानों को स्वीकार करने के लिए अमेजन के निवेशक तैयार होंगे? और बात सिर्फ इन दो कंपनियों की नहीं है। गूगल, एच.पी. और आई.बी.एम. जैसे खिलाड़ी भी मैदान में हैं। दरअसल, गूगल पहली कंपनी थी, जिसने कीमतों में 32 फीसदी से 85 फीसदी तक की कटौती की थी।

वृद्धि के लिए लड़ाई भी अत्यंत तीव्र है। माइक्रोसॉफ्ट ने सालाना 154 फीसदी वृद्धि दर का प्रदर्शन किया है। सिनर्जी की पहली तिमाही के आँकड़ों ने माइक्रोसॉफ्ट और आई.बी.एम. की पहली तिमाही की वृद्धि को 80 फीसदी आँका है। तीसरे नंबर पर अमेजन रहा, जिसकी वृद्धि दर 67 फीसदी रही, जबकि चौथे नंबर पर गूगल रहा, जिसकी वृद्धि दर 60 फीसदी रही। क्लाउड युद्ध में सेल्सफोर्स (Salesforce) भी एक महत्त्वपूर्ण खिलाड़ी है, जिसकी वृद्धि दर 37 फीसदी थी। यह ए.डब्ल्यू.एस. (अमेजन वेब सर्विसेज) के लिए बड़ा बदलाव था, क्योंकि हाल तक वह दावा कर सकता था कि वह अपने चार करीबी प्रतिस्पर्धियों से अधिक बड़ा था। यह दावा अब सही नहीं होगा और हो सकता है कि आनेवाले समय में यह अशुभ हो।

'मार्केटवॉच' को दिए एक इंटरव्यू में बर्नस्टीन रिसर्च के विश्लेषक मार्क मॉर्डलर ने कहा, कितने क्लाउड विक्रेता 107 फीसदी की दर से वृद्धि कर रहे हैं? सिर्फ एक और वह है, माइक्रोसॉफ्ट। नडेला एंटरप्राइज का पेशेवर है।

'मार्केटवॉच' को दिए एक इंटरव्यू में बर्नस्टीन रिसर्च के विश्लेषक मार्क मॉर्डलर ने कहा, "कितने क्लाउड विक्रेता 107 फीसदी की दर से वृद्धि कर रहे हैं? सिर्फ एक और वह है, माइक्रोसॉफ्ट। नडेला एंटरप्राइज का पेशेवर है। माइक्रोसॉफ्ट के लिए असली अवसर इसमें है कि वे ज्यादा क्लाउड और सब्सक्रिप्शन (अंशदान) सर्विसेज की ओर बढ़ रहे हैं. और यहाँ एक शख्स है, जो यह काम बखूबी करता है।"

सरल ढंग से कहें, तो क्लाउड सर्विस का विकल्प दो आधारों पर आकर टिक जाता है—कीमत और ग्राहक की जरूरतों के लिए विशिष्ट अद्वितीय विशेषताएँ। इस सर्विस के दावेदारों—चाहे ड्रॉपबॉक्स हो, आई-

क्लाउड ड्राइव हो, गूगल ड्राइव हो या वन ड्राइव (माइक्रोसॉफ्ट) हो— द्वारा जो फीचर्स (विशेषताएँ) दी जा रही हैं, वे बहुत कम अंतर के साथ सामान ही हैं। ड्रॉपबॉक्स सबसे ज्यादा सुलभ सेवा है और उसकी मजबूत कारोबारी उपस्थिति है। यदि किसी को बहुत से लोगों के साथ बहुत बड़ी संख्या में फाइल्स साझा करना है, तो ड्रॉपबॉक्स अच्छा रास्ता हो सकता है। बहरहाल, यह संभवत: सबसे महँगी पेशकश है। इसके अलावा, इसके पास प्लेटफॉर्म स्तर के एकीकरण का अभाव है। अगर कोई नि:शुल्क भंडारण और निम्न विस्तारण कीमतों को ध्यान में रखकर संतुलन बना रहा है तो 'गूगल ड्राइव' एक अच्छा विकल्प है, क्योंकि इसमें 'गूगल डॉक्स' (Google Docs) और जी-मेल (Gmail) से एकीकरण की भी सुविधा उपलब्ध है। इतना कहने के बाद अगर कोई प्लेटफॉर्म के विकल्प पर विचार करता है तो वास्तव में दो ही विकल्प हैं और ये हैं—माइक्रोसॉफ्ट का 'वन ड्राइव' और एप्पल का 'आई-क्लाउड ड्राइव'। यह उन लोगों के लिए ज्यादा प्रासंगिक है, जो 'विंडोज' व 'विंडोज फोन' (माइक्रोसॉफ्ट के मामले में) और ओ.एस.एक्स. (OSX) व आई-ओ.एस. (IOS) (एप्पल के मामले में) से जुड़े हुए हैं। ऐसे उपभोक्ताओं के लिए 'वन ड्राइव' और 'आई-क्लाउड ड्राइव' स्वत: ही विकल्प बन जाते हैं, क्योंकि इसमें उन्हें अपने प्लेटफॉर्म से एकीकृत करने की सुविधा उपलब्ध होगी। ऐसे उपभोक्ताओं की संख्या

अगर कोई नि:शुल्क भंडारण और निम्न विस्तारण कीमतों को ध्यान में रखकर संतुलन बना रहा है तो 'गूगल ड्राइव' एक अच्छा विकल्प है, क्योंकि इसमें 'गूगल डॉक्स' (Google Docs) और जी-मेल (Gmail) से एकीकरण की भी सुविधा उपलब्ध है।

बहुत बड़ी है। क्लाउड सर्विस देनेवाले अन्य खिलाड़ियों के लिए यह चिंता की बात है कि उनके मामले में प्लेटफॉर्म एकीकरण की सुविधा का अभाव है।

एक अन्य क्षेत्र है, जिसमें माइक्रोसॉफ्ट ने फर्क पैदा किया है। यह है—क्लाउड-आधारित बिजनेस एप्लीकेशन का क्षेत्र। माइक्रोसॉफ्ट का 'ऑफिस 365' एक सदस्यता शुल्क-आधारित ऑनलाइन ऑफिस एवं सॉफ्टवेयर आदि सेवाओं का सेट है, जो 'माइक्रोसॉफ्ट ऑफिस' प्लेटफॉर्म के इर्द-गिर्द बनाया गया है। माइक्रोसॉफ्ट के 'बिजनेस प्रोडक्टिविटी ऑनलाइन सूट' के उत्तराधिकारी के रूप में आए 'ऑफिस 365' को मूलतः इ-मेल, सोशल नेटवर्किंग एवं सहकार्यता (कोलैबोरेशन) और टीमों एवं कारोबारों को 'क्लाउड स्टोरेज' प्रदान करने के लिए लाया गया था। अब 'ऑफिस 365' की तुलना गूगल एप्स से की जाती है और कुछ मामलों में यह अपने मुख्य प्रतिस्पर्धी से भी बेहतर है। हाल के समय में माइक्रोसॉफ्ट ने क्लाउड पर 'ऑफिस 365' का इस्तेमाल करने के लिए ग्राहकों को प्रोत्साहन देकर लुभाया है। दरअसल, कुछ फीचर्स को 'सर्विस पैक' में शामिल किए जाने के पहले क्लाउड पर प्रदान किया जाता है। इसलिए सर्वोच्चता के लिए जंग काफी करीबी है। वर्तमान में, बड़ी कंपनियाँ

एक अन्य क्षेत्र है, जिसमें माइक्रोसॉफ्ट ने फर्क पैदा किया है। यह है–क्लाउड-आधारित बिजनेस एप्लीकेशन का क्षेत्र। माइक्रोसॉफ्ट का 'ऑफिस 365' एक सदस्यता शुल्क-आधारित ऑनलाइन ऑफिस एवं सॉफ्टवेयर आदि सेवाओं का सेट है, जो 'माइक्रोसॉफ्ट ऑफिस' प्लेटफॉर्म के इर्द-गिर्द बनाया गया है।

'क्लाउड ऑफिस प्रोडक्टिविटी सर्विसेज' इस्तेमाल करने में माइक्रोसॉफ्ट और गूगल इंक के बीच बराबर-बराबर बँटी हुई हैं। क्लाउड अपनाए जाने को लेकर जारी की गई नई रिपोर्ट के अनुसार, हालांकि गूगल एप्स छोटे कारोबारों के बीच माइक्रोसॉफ्ट 'ऑफिस 365' से अधिक लोकप्रिय है, लेकिन 1,000 से ज्यादा कर्मचारी वाली कंपनियों के बीच यह एक नजदीकी दौड़ है।

'मोबाइल' को समझना

नडेला के समकालीन माइंडट्री लिमिटेड के एन.एस. पार्थसारथी कहते हैं, ''नडेला 'मोबाइल फर्स्ट' एवं 'क्लाउड फर्स्ट' की दुनिया में माइक्रोसॉफ्ट के बारे में एक 'डिवाइसेज मोबाइल एंड सर्विसेज' (उपकरणों एवं सेवाओं) कंपनी बनने की बात करते रहे हैं। यह कंपनी माइक्रोसॉफ्ट के संपूर्ण परिवर्तन की शुरुआत थी। कुछ दिनों पहले उन्होंने माइक्रोसॉफ्ट को एक 'प्रोडक्टिविटी एंड प्लेटफॉर्म' (उत्पादकता एवं मंच) कंपनी के रूप में अनूठी पहचान देने की बात कही।''

नडेला के समकालीन माइंडट्री लिमिटेड के एन.एस. पार्थसारथी कहते हैं, ''नडेला 'मोबाइल फर्स्ट' एवं 'क्लाउड फर्स्ट' की दुनिया में माइक्रोसॉफ्ट के बारे में एक 'डिवाइसेज मोबाइल एंड सर्विसेज' (उपकरणों एवं सेवाओं) कंपनी बनने की बात करते रहे हैं। यह कंपनी माइक्रोसॉफ्ट के संपूर्ण परिवर्तन की शुरुआत थी।

जैसा कि पार्थसारथी ने कहा, नडेला की हाल की बातों के प्रभाव पड़ते हैं कि माइक्रोसॉफ्ट में क्लाउड एवं मोबाइल—दोनों कारोबार कैसे प्रबंधित किए जाते हैं या भविष्य में इन्हें किस रूप में देखा जाएगा?

मोबाइल के मोर्चे पर माइक्रोसॉफ्ट ने पहले ही 'विंडोज 8.1 फोन' के साथ शोर मचा दिया है। इस श्रेणी में माइक्रोसॉफ्ट द्वारा सामना किए जा रहे कई मसलों को इस फोन ने निपटा दिया है और साथ ही ऐसी कई खासियतों एवं उपयोगिताओं को जोड़ा है, जो आईफोन (iPhone) और एंड्रॉइड फोन के बीच की खासियतों की याद दिलाते हैं। ऐसा लगता है कि मोबाइल कारोबार को बढ़ाने के लिए बहुआयामी रणनीति अपनाई गई है।

हालाँकि नडेला और उनकी टीम ने कई पहलें की हैं, लेकिन इनमें से प्रमुख को इन श्रेणियों में समूहबद्ध किया जा सकता है—

- 'विंडोज यूनिवर्सल एप्स' की शुरुआत।
- माइक्रोसॉफ्ट कोर्टाना (Microsoft Cortana) को एप्पल के सीरी (Siri) और गूगल नाऊ (Google Now) के मुकाबले खड़ा करना।
- तीसरे पक्ष के फोन हार्डवेयर निर्माताओं के साथ करार करना।
- नोकिया डिवाइसेज एवं सर्विसेज का एकीकरण करना।

विकास-प्रक्रिया का मूल्यांकन करते वक्त इसके विकासकर्ता दो कारकों से प्रेरित होते हैं। पहला यह कि पूरी प्रक्रिया तीव्र, सरल और कारगर होनी चाहिए; दूसरा, उनके ऐप्स के उपभोक्ता यथासंभव विस्तृत हों।

अभी हाल तक एप्स (एप्लीकेशन) के अभाव में उपभोक्ता विंडोज फोनों से दूर ही रहते थे। एप्लीकेशन विकसित करना एक लंबी एवं कठिन प्रक्रिया है और इसे विकासकर्ता महत्त्व के सॉफ्टवेयर बनाने में अथक प्रयास करते हैं। विकास-प्रक्रिया का मूल्यांकन करते वक्त इसके

विकासकर्ता दो कारकों से प्रेरित होते हैं। पहला यह कि पूरी प्रक्रिया तीव्र, सरल और कारगर होनी चाहिए; दूसरा, उनके ऐप्स के उपभोक्ता यथासंभव विस्तृत हों। इससे खुलासा हो जाता है कि 'विंडोज फोन' की तुलना में आई-ओ.एस. (एप्पल) के लिए इतने ज्यादा नए एप्स क्यों हैं? एप्पल की पेशकश से तुलना करें तो विंडोज फोन उतना महत्त्वपूर्ण है ही नहीं। इससे यह भी पता चलता है कि एंड्रॉइड की तुलना में आई-ओएस पर ज्यादा एप्स क्यों हैं? एप्स को विकसित करने और उन्हें एकजुट बनाने में आसानी और सरलता मायने रखती है। एंड्रॉइड विकसित करने वालों को ऐसे कोड बनाने पड़ते हैं, जो कई अलग संस्करणों और हार्डवेयर पर काम करें; जबकि इसके विपरीत, आई-ओ.एस. एप्प विकास के मामले में विकासकर्ता का अपने कोड का केवल एक संस्करण बनाने की जरूरत पड़ती है।

ऐसा प्रतीत होता है कि माइक्रोसॉफ्ट ने 'यूनिवर्सल विंडोज एप्स' लाकर कम-से-कम 'विकास में आजादी' का मसला हल कर लिया है। माइक्रोसॉफ्ट का मानना है कि ये ऐसे एप्स हैं, जो विंडोज पी.सी., टैबलेट्स और फोन्स में चल सकते हैं। विकासकर्ताओं को इन्हें एक प्लेटफॉर्म से दूसरे प्लेटफॉर्म पर भेजने के लिए विस्तृत काम करने की जरूरत नहीं होगी। कोड का करीब 90 फीसदी हिस्सा समान ही होगा। ये एप्स निकट भविष्य में एक्स-बॉक्स (XBox) सिस्टम में इस्तेमाल किए जा सकेंगे।

> माइक्रोसॉफ्ट अपने 'विंडोज स्टोर एप्स' के लिए लक्षित उपभोक्ता संख्या बढ़ाने के प्रयास में है। इसके लिए उसने 'विंडोज 8.1' के नए संस्करण के डेस्कटॉप टास्कबार में स्टोर करने के लिए एक टास्कबार बटन लगा दिया है।

उपभोक्ताओं की संख्या के मामले पर भी लगता है कि पर्याप्त ध्यान दिया गया है। माइक्रोसॉफ्ट अपने 'विंडोज स्टोर एप्स' के लिए लक्षित उपभोक्ता संख्या बढ़ाने के प्रयास में है। इसके लिए उसने 'विंडोज 8.1' के नए संस्करण के डेस्कटॉप टास्कबार में स्टोर करने के लिए एक टास्कबार बटन लगा दिया है। बाजार में 'विंडोज 8' और '8.1' पी.सी. के पहले से ही 20 करोड़ लाइसेंस हैं। सिर्फ इस एक कदम से माइक्रोसॉफ्ट के एप्स लगाने की संख्या में काफी इजाफा हो जाएगा।

'विंडोज यूनिवर्सल एप्स' तब आकर्षक रूप ले लेता है, जब आप इस तथ्य पर विचार करते हैं कि ये तमाम विंडोज मशीनों पर चल सकते हैं। इससे भी रोचक बात यह है कि 'विंडोज एप्प स्टूडियो' कार्यक्रम निर्माण (प्रोग्रामिंग) की जानकारी कम या नहीं रखनेवाले लोगों को भी ऐसे यूनिवर्सल एप्स बनाने का मौका देता है, जो उस तरह की तमाम डिवाइस के नमूनों पर चलेंगे। गैर-पेशेवर विकासकर्ता भी अपने एप्स पेशेवर विकासकर्ताओं की तरह ही 'विंडोज स्टोर' में बेच सकते हैं। माइक्रोसॉफ्ट के नजरिए से विकासकर्ताओं के लिए इसके दो अहम निहितार्थ हैं। पहला, विकासकर्ता यूनिवर्सल एप्स बना सकते हैं और कोड को साझा कर सकते हैं और इसके लिए उन्हें यूजर इंटरफेस में बस, थोड़ा सा समायोजन करना होगा। दूसरा, 'विजुअल स्टूडियो' (Visual Studio) अनेक तरह के निदानकारी औजार (डायग्नोस्टिक टूल्स) मुहैया कराता है, जिनकी मदद से विभिन्न

माइक्रोसॉफ्ट के नजरिए से विकासकर्ताओं के लिए इसके दो अहम निहितार्थ हैं। पहला, विकासकर्ता यूनिवर्सल एप्स बना सकते हैं और कोड को साझा कर सकते हैं और इसके लिए उन्हें यूजर इंटरफेस में बस, थोड़ा सा समायोजन करना होगा।

डिवाइसेज पर एप्स का अधिकतम उपयोग किया जा सकता है। उदाहरणार्थ, 'विंडोज फोन' को चलानेवाले स्मार्टफोन, 'विंडोज 8.1' को चलानेवाले लैपटॉप आदि।

उपभोक्ता के नजरिए से इसके अपने भी लाभ हैं। वे एक ही एप्प को अपने तमाम डिवाइज (उपकरणों) पर चला सकते हैं। इसका अर्थ यह हुआ कि उन्हें एक ही बार भुगतान करने की जरूरत पड़ेगी, लेकिन वे तमाम विंडोज डिवाइसेज पर इस एप्प को चला सकेंगे। दूसरे शब्दों में, अगर आप अपने विंडोज 8.1 लैपटॉप के लिए एप्प खरीदते हैं तो आप इसे अपने विंडोज फोन में अपने आप डाउनलोड कर सकते हैं। ऐसा आप इसके उलट भी कर सकते हैं। विंडोज अनिवार्य रूप से अब बड़ा ऑपरेटिंग सिस्टम है। एप्पल यह नहीं करता है। अगर आप अपने आई-मैक (iMac) या मैकबुक (MacBook) के लिए मैक-ओ.एस.एक्स. (MacOSX) पर एप्प ऐप खरीदते हैं तो भी आपको अपने आई फोन या आई-पैड के लिए यही संस्करण डाउनलोड करना पड़ेगा या खरीदना पड़ेगा। गूगल भी अपने उपभोक्ताओं को यह लाभ देने में विफल रहा है। यदि आप क्रोम-ओ.एस. (Chrome OS) के लिए एक एप्प या इसका विस्तार खरीदते हैं तो आपको 'गूगल प्ले' पर एंड्रॉइड के लिए उस एप्प को खरीदना पड़ेगा। इसलिए 'यूनिवर्सल विंडोज एप्स' न केवल माइक्रोसॉफ्ट में मोबाइल कारोबार में आ रही समस्याओं को दूर करने जा

उपभोक्ता के नजरिए से इसके अपने भी लाभ हैं। वे एक ही एप्प को अपने तमाम डिवाइज (उपकरणों) पर चला सकते हैं। इसका अर्थ यह हुआ कि उन्हें एक ही बार भुगतान करने की जरूरत पड़ेगी, लेकिन वे तमाम विंडोज डिवाइसेज पर इस एप्प को चला सकेंगे।

रहा है, बल्कि यह इससे भी एक कदम आगे जाकर इस विशाल सॉफ्टवेयर कंपनी को इस क्षेत्र में अपनी प्रतिस्पर्धी कंपनियों की तुलना में महत्त्वपूर्ण अंतर प्रदान करता है।

माइक्रोसॉफ्ट ने अपने 'मोबाइल फर्स्ट' के सपने को साकार करने के लिए जो दूसरा कदम उठाया है, वह पर्सनल डिजिटल असिस्टेंट (पी.डी.ए.) के रूप में नजर आता है। एप्पल के रूप में नजर आता है। एप्पल के 'सीरी' या 'गूगल नाऊ' द्वारा मात नहीं दिए जाने के लिए माइक्रोसॉफ्ट ने 'कोर्टाना' (Cortana) के नाम के तहत अपना पी.डी.ए. शुरू किया है। हालाँकि अभी भी यह शुरुआती चरण में है, 'कोर्टाना' को 'बिंग' सर्च इंजन की ताकत मिल हुई है और इसे इस तरह बनाया गया है कि वक्त बीतने के साथ यह अपने उपभोक्ता के बारे में सीखता रहता है। इस पर विचार करें—हरेक उपभोक्ता के पास महत्त्वपूर्ण लोगों की एक सूची होती है। कोर्टाना के पास यह पहचान करने की या तलाश करने की क्षमता है कि एक उपभोक्ता के लिए ये कौन लोग हैं और यह स्मार्ट फोन पर दी गई 'शांत अवधि' (क्वाइट पीरियड) के दौरान भी फोन करने की इजाजत देता है। एक दूसरा उदाहरण लें। अगर एक उपभोक्ता को एक

माइक्रोसॉफ्ट ने अपने 'मोबाइल फर्स्ट' के सपने को साकार करने के लिए जो दूसरा कदम उठाया है, वह पर्सनल डिजिटल असिस्टेंट (पी.डी.ए.) के रूप में नजर आता है। एप्पल के रूप में नजर आता है। एप्पल के 'सीरी' या 'गूगल नाऊ' द्वारा मात नहीं दिए जाने के लिए माइक्रोसॉफ्ट ने 'कोर्टाना' (Cortana) के नाम के तहत अपना पी.डी.ए. शुरू किया है।

खास तरह का रेस्तरां पसंद है तो पी.डी.ए. संबंधित व्यक्ति के लिए उन स्थानों को खोज सकता है। हैलो (Halo) वीडियो गेम में एक ए.आई. (आर्टिफीशियल इंटेलिजेंस/ कृत्रिम बुद्धि) वाले किरदार के नाम पर 'कोर्टाना' नाम रखा गया है। यह अभिनेत्री जेन टेलर समेत कई स्रोतों की आवाजों का संश्लेषण करता है। जेन टेलर ने 'हैलो' में इस किरदार को अपनी आवाज दी है।

'कोर्टाना' विंडोज फोन के सॉफ्टवेयर पर और 'विंडोज 8.1' पर आधुनिक सुविधा होगी और यह 'गूगल नाऊ' की संभावी योग्यता और 'सीरी' की तरह के व्यक्तित्व का मिश्रण है। 'कोर्टाना' जबकि अभी शुरुआती चरण में है, लेकिन यह पहले ही इतनी ताकत दे रहा है कि अपने दोनों प्रतियोगियों—गूगल और एप्पल से बेहतर नजर आ रहा है। इसकी अनूठी खासियतों में यह भी शामिल है कि उपभोक्ता जब किसी व्यक्ति से बात कर रहा होता है तो यह उन्हें संदर्भ के तौर पर एक विशेष चीज की याद दिलाता है। कोर्टाना इस मामले में एप्पल के 'सीरी' से आगे है कि 'सीरी' में संभावी खोज का अभाव है, जबकि 'कोर्टाना' की यह खास खूबी है। बहरहाल, जहाँ तक संभावी योग्यताओं की बात है तो 'गूगल नाऊ' अभी भी 'कोर्टाना' से ऊपर है। 'गूगल नाऊ' के ऊपर होने का कारण यह है कि यह गूगल की सर्च तकनीक से एकीकृत है और इसे इस तरह से डिजाइन किया गया है कि एक उपभोक्ता को

'गूगल नाऊ' के ऊपर होने का कारण यह है कि यह गूगल की सर्च तकनीक से एकीकृत है और इसे इस तरह से डिजाइन किया गया है कि एक उपभोक्ता को जितनी तरह की सूचनाओं की जरूरत पड़ सकती है, उन सभी का यह पूर्वानुमान लगा सकता है।

जितनी तरह की सूचनाओं की जरूरत पड़ सकती है, उन सभी का यह पूर्वानुमान लगा सकता है। विश्लेषकों का मानना है कि माइक्रोसॉफ्ट ने जान-बूझकर 'कोर्टाना' को इस स्तर की संभावी क्षमता से वंचित रखा है। यह देखा जाना बाकी है; लेकिन जो बात निश्चित है, वह यह कि 'कोर्टाना' संभवत: 'गूगल नाऊ' के एकदम करीबी तौर पर नंबर 2 है और 'सीरी' से निश्चित तौर पर आगे है। यह बात तब प्रासंगिक हो जाती है, जब इस पर विचार किया जाएगा कि आगे चलकर संभावी खोज क्षमता स्मार्ट फोन उपभोक्ताओं की अभिन्न एवं पूर्व निर्देशित जरूरत बन सकती है। माइक्रोसॉफ्ट अपने स्मार्टफोन उपभोक्ताओं को 'कोर्टाना' के जरिए जो सुविधा दे रहा है, वह महज शुरुआती चरण में है। इसलिए माइक्रोसॉफ्ट के स्मार्टफोन का भविष्य निश्चित रूप से बेहतर नजर आ रहा है। इतना ही नहीं, 'कोर्टाना' पहले ही हुलु (Hulu), फेसबुक (Facebook) और माइक्रोसॉफ्ट के स्काइप (Skype) के एप्स से एकीकृत हो चुका है। इसके अतिरिक्त, यह भी तथ्य है कि 'कोर्टाना' के लॉन्च किए जाने से 'विंडोज फोन' के विकासकर्ता अपने एप्स को पी.डी.ए. से एकीकृत कर सकेंगे।

माइक्रोसॉफ्ट ने तीसरी पहल यह की है कि उसने तीसरे पक्ष के फोन हार्डवेयर निर्माताओं से करार किए हैं। उदाहरण के लिए, माइक्रोमैक्स ने भारत में जून 2014 में कम लागतवाले विंडोज स्मार्टफोन को उतारा है। प्रेस्टीजियो एक अन्य साझेदार है, जिसने माइक्रोसॉफ्ट के लिए स्मार्टफोन के कामकाजी मॉडल पेश किए हैं।

अन्य साझेदारों में फॉक्सकॉन (Foxconn), जियोनी (Gionee), जेएसआर (JSR), कार्बन (Carbonn), लावा (Xolo), लेनोवो (Lenevo), एलजी (LG), लॉन्गचीयर (Longcheer) और जेडटीई (ZTE) शामिल है।

नडेला के नजरिए से, माइक्रोसॉफ्ट की 'मोबाइल फर्स्ट' दृष्टि में एक अहम बात यह होगी कि नोकिया के उपकरणों (डिवाइसेज) एवं सेवाओं (सर्विसेज) का एकीकरण किया जाए और कारोबार को बाकी संगठन के साथ रणनीतिक रूप से जोड़ा जाए।

नडेला के नजरिए से, माइक्रोसॉफ्ट की 'मोबाइल फर्स्ट' दृष्टि में एक अहम बात यह होगी कि नोकिया के उपकरणों (डिवाइसेज) एवं सेवाओं (सर्विसेज) का एकीकरण किया जाए और कारोबार को बाकी संगठन के साथ रणनीतिक रूप से जोड़ा जाए।

हालाँकि बामर नोकिया के हैंडसेट डिवीजन का अधिग्रहण करने में सही हो सकते हैं (आखिरकार नोकिया के पास 'विंडोज फोन' बाजार का 90 फीसदी हिस्सा था), लेकिन नडेला स्थिति को अलग तरह से देख सकते हैं। इसलिए कुछ प्रेरक शक्ति नहीं भी बदल सकती है। नोकिया के अधिग्रहण ने माइक्रोसॉफ्ट को मात्र एक सर्विसेज एवं डिवाइसेज कंपनी बनने का मौका दिया। नोकिया अपने साथ दुनिया भर में फैले एजेंटों के साथ अपने पुराने संबंधों को भी साथ लेकर आया। इसमें वे उभरते बाजार भी शामिल हैं, जहाँ माइक्रोसॉफ्ट पैर जमाना चाहता हो। इतना ही नहीं, नोकिया के पास हार्डवेयर इंजीनियरिंग की प्रतिभा का विशाल भंडार है, जिसका माइक्रोसॉफ्ट के पास अभाव है।

बहरहाल, इस बात पर विचार करें। माइक्रोसॉफ्ट पर आज सेल फोन निर्माण और असेंबली लाइनों का भारी बोझ है, जिन्हें वह रखना उचित नहीं समझते। मैन्युफैक्चरिंग में चीन कहीं ज्यादा प्रतिस्पर्धी है और इसीलिए विशुद्ध कारोबारी नजरिए से, माइक्रोसॉफ्ट के लिए इन प्लांटों

(संयंत्रों) को चलाते रहना व्यावहारिक न हो। यह बात खास तौर पर तब महत्त्वपूर्ण हो जाती है, जब नडेला माइक्रोसॉफ्ट का मुख्य ध्यान हार्डवेयर से दूर ले जा रहे हों। यहाँ फिर माइक्रोसॉफ्ट और एप्पल के बीच गंभीर अंतर है। एप्पल ऑपरेटिंग सिस्टम्स के विपरीत, 'विंडोज' व 'विंडोज फोन' के लाइसेंस अन्य हार्डवेयर विक्रेताओं को दिए जा सकते हैं । इसलिए माइक्रोसॉफ्ट वास्तव में काफी कम संख्या में अपने फोनों का उत्पादन पर काम चला सकता है, जबकि अन्य उपकरण निर्माताओं पर ज्यादा ध्यान लगा सकता है। नोकिया की टीम से बड़ी संख्या में कामगारों की छँटनी के अन्य कारण भी हो सकते है; लेकिन संभव है कि उपर्युक्त कारण पर विचार करते हुए भी ऐसा किया गया हो। जो भी हो, नडेला और माइक्रोसॉफ्ट के 'मोबाइल फर्स्ट' के सपने को तब तक पूरी तरह साकार नहीं किया जा सकता, जब तक नोकिया के कारोबार को रणनीतिक रूप से जोड़ना सुनिश्चित न कर लिया जाए। यह अच्छी बात है कि स्टीफन इलॉप और नडेला वर्तमान में पूरा तालमेल बनाकर काम करते दिख रहे हैं।

एप्पल ऑपरेटिंग सिस्टम्स के विपरीत, 'विंडोज' व 'विंडोज फोन' के लाइसेंस अन्य हार्डवेयर विक्रेताओं को दिए जा सकते हैं । इसलिए माइक्रोसॉफ्ट वास्तव में काफी कम संख्या में अपने फोनों का उत्पादन पर काम चला सकता है, जबकि अन्य उपकरण निर्माताओं पर ज्यादा ध्यान लगा सकता है।

उपर्युक्त के अलावा, माइक्रोसॉफ्ट ने अन्य बदलाव भी किए हैं। पहले उसका अपनी परंपरागत आमदनी का तरीका यह था कि जो भी मैन्युफैक्चरर्स (विनिर्माता) अपनी मशीनों में माइक्रोसॉफ्ट के ऑपरेटिंग

सिस्टम का इस्तेमाल करते थे, उनसे वह शुल्क वसूलता था, लेकिन माइक्रोसॉफ्ट अब नौ इंच से छोटी स्क्रीनवाली मशीनों के निर्माताओं को विंडोज मुफ्त में देने पर विचार कर रहा है। सीमित मात्रा में निःशुल्क चीजें उपलब्ध कराने के माइक्रोसॉफ्ट के इतिहास पर विचार करें तो यह बात रोचक है। और, यह निश्चित रूप से आक्रामक दिशा को प्रदर्शित करता है, जो नडेला अपने मोबाइल कारोबार के लिए रेखांकित किया है।

केवल 'विंडोज' ही नहीं

ऐतिहासिक रूप से माइक्रोसॉफ्ट का 'विंडोज' बिक्री का मुख्य संचालक रहा है। बहरहाल, यह बदल रहा है क्योंकि प्रौद्योगिकी क्षेत्र परंपरागत रूप से सॉफ्टवेयर लाइसेंस देने के तरीके से दूर जा रहा है। हाल में माइक्रोसॉफ्ट के विंडोज ओ.एस. की बिक्री गिरती जा रही है, क्योंकि अन्य कारणों के अलावा एक कारण यह भी है कि पी.सी. की बिक्री स्मार्टफोन्स और टैबलेट उपकरणों को स्थानांतरित हो गई है। इसमें यह तथ्य भी जुड़ा है कि पिछले कुछ समय से माइक्रोसॉफ्ट ने विकासकर्ता समुदाय के बीच अपनी थोड़ी साख गँवाई है और यह जाहिर है कि कंपनी आज अपने को चुनौतीपूर्ण स्थिति में पाती है। माइक्रोसॉफ्ट में शीर्ष भूमिका निभाने के लिए प्रोन्नत

माइक्रोसॉफ्ट में शीर्ष भूमिका निभाने के लिए प्रोन्नत किए जाने के बाद से ही नडेला ने इसे सही करने और माइक्रोसॉफ्ट में विकासकर्ता (डेवेलपर्स) का भरोसा बहाल करने का भरपूर प्रयास किया है। सी.ई.ओ. बनने के बाद उन्होंने जो बिल्ड कॉन्फ्रेंस (निर्माण सम्मेलन) आयोजित की थी, उसमें यह बात स्पष्ट थी।

किए जाने के बाद से ही नडेला ने इसे सही करने और माइक्रोसॉफ्ट में विकासकर्ता (डेवेलपर्स) का भरोसा बहाल करने का भरपूर प्रयास किया है। सी.ई.ओ. बनने के बाद उन्होंने जो बिल्ड कॉन्फ्रेंस (निर्माण सम्मेलन) आयोजित की थी, उसमें यह बात स्पष्ट थी। संभव है कि वे उनका ध्यान प्राप्त करने में सफल रहे हों, लेकिन इससे पहले कि यह समुदाय माइक्रोसॉफ्ट में उसी तरह भरोसा करने लगे, जैसा कि वे उसके शिखर पर रहने के सालों में करते थे, अभी काफी कुछ किया जाना बाकी है।

विंडोज-केंद्रित रणनीति ने माइक्रोसॉफ्ट को अपनी शुरुआत में और वर्ष 2000 के दशक के शुरुआती सालों तक अच्छी स्थिति में रखा। बहरहाल, विंडोज पर कंपनी की अत्यधिक निर्भरता ने माइक्रोसॉफ्ट के लिए एक ऐसा हाथी खड़ा कर दिया है, जिस पर हाल के समय में चढ़ना उसके लिए मुश्किल हो गया है। विंडोज के प्रति लगभग पूर्ण सम्मोहन और ओ.एस. (OS) की प्रधानता ने बार-बार आधुनिक खोज को बाधित किया। दरअसल, जोर हमेशा ही इस पर रहा कि 'विंडोज को कैसे ज्यादा लाभप्रद बनाया जाए', बजाय इसके कि 'विंडोज को कैसे नव-प्रर्वतन करनेवाला बनाया जाए?' जो भी सेवाएँ सृजित की गईं, वे सभी विंडोज से बँधी हुई हैं। इस कारण माइक्रोसॉफ्ट ने विंडोज का विस्तार सभी क्षेत्रों में कर दिया है, चाहे मोबाइल रणनीति की बात हो या टैबलेट उत्पाद की। अब इसकी तुलना एप्पल से करें, जिसने नए सहज-ज्ञानयुक्त अंतराफलक (इनट्यूटिव इंटरफेस), परिचालन प्रणाली (ऑपरेटिंग सिस्टम) और उपकरण (डिवाइस) के क्षेत्र में नव-प्रवर्तन किए, जबकि माइक्रोसॉफ्ट ने 'विंडोज' का महज अपने फोन में विस्तार करने में रुचि दिखाई; लेकिन यह उतना कारगर नहीं हुआ, जितना इसे होना चाहिए था।

'विंडोज 8' में माइक्रोसॉफ्ट ने एक अकेला ओ.एस. (ऑपरेटिंग सिस्टम) प्रदान कर इनमें से कुछ मसलों को हल करने का प्रयास किया है। यह ओ.एस. लैपटॉप, डेस्कटॉप, टैबलेट और फोन—सभी के लिए काम करता है। बहरहाल, इसके बावजूद कुछ चीजें वांछित हैं, क्योंकि डेस्कटॉप और लैपटॉप पर टच इंटरफेस (स्पर्श अंतराफलक) उतना उल्लेखनीय नहीं है। इसलिए एक स्मार्टफोन पेश करने के लिए डिवाइस (उपकरण) और ओ.एस. (ऑपरेटिंग सिस्टम) में ऐसा नयापन लाने की जरूरत है, जिससे ग्राहक को इस्तेमाल करने में आसानी और प्रसन्नता हो। यहाँ भी रेडमंड (माइक्रोसॉफ्ट का मुख्यालय) से हाल की उद्घोषणाएँ और उठाए गए कदमों से यह संकेत मिलता है कि ग्राहक्र जो चाहते हैं, उसके अनुरूप माइक्रोसॉफ्ट ने अंततः श्रमसाध्य प्रक्रिया की शुरुआत कर दी है। फिर भी, इनमें से कुछ प्रयासों के फलदायी परिणाम आने में कुछ वक्त लगेगा।

'विंडोज 8' में माइक्रोसॉफ्ट ने एक अकेला ओ.एस. (ऑपरेटिंग सिस्टम) प्रदान कर इनमें से कुछ मसलों को हल करने का प्रयास किया है। यह ओ.एस. लैपटॉप, डेस्कटॉप, टैबलेट और फोन—सभी के लिए काम करता है।

बिना सोचे-समझे एप्पल के उदाहरण का अनुसरण करना भी मददगार नहीं होगा। हालाँकि एप्पल आईफोन और आईपैड जैसे डिवाइस लाने में अग्रणी रहा है, लेकिन उनका भविष्य (यदि हम अपनी कल्पना को विस्तार दें) कुछ वैसा ही प्रतिबिंबित कर सकता है, जैसा कि माइक्रोसॉफ्ट का हाल अतीत रहा है। आईपैड के बाद एप्पल में बहुत ज्यादा नव-प्रवर्तन नहीं हुआ हैं और आई-क्लाउड सर्विस तो अभी नवजात स्थिति में है। यह देखते हुए कि सर्वोच्चता के लिए अगली लड़ाई

क्लाउड के मैदान में लड़ी जाएगी, यह एप्पल के लिए चिंता की बात हो सकती है क्योंकि यह क्लाउड-केंद्रित होने की बजाय डिवाइस-केंद्रित होने के लक्षण दिखा रहा है। उदाहरण के लिए, गूगल चाहता है कि लोग उसकी क्लाउड सेवाओं का इस्तेमाल करें ताकि वह विज्ञापन राजस्व का समुच्चय कर सके; लेकिन इसके विपरीत, ऐसा प्रतीत होता है कि एप्पल हार्डवेयर बेचने के लिए अपनी क्लाउड पेशकश कर रहा है। परिणामस्वरूप, उनका नजरिया अपेक्षाकृत संकीर्ण है, क्योंकि वे गैर-एप्पल डिवाइसेज (उपकरणों) पर जो कुछ कर सकते हैं, उसकी वे अनदेखी कर रहे हैं।

गूगल चाहता है कि लोग उसकी क्लाउड सेवाओं का इस्तेमाल करें ताकि वह विज्ञापन राजस्व का समुच्चय कर सके; लेकिन इसके विपरीत, ऐसा प्रतीत होता है कि एप्पल हार्डवेयर बेचने के लिए अपनी क्लाउड पेशकश कर रहा है।

इसलिए नडेला गूगल की रणनीति से प्रेरणा लेकर ऐसी नई क्लाउड सेवाएँ प्रदान कर सकते हैं, जिनका इस्तेमाल रोजमर्रा की जिंदगी में हो सकता है। गूगल 'क्रोम' के जरिए इन सेवाओं का उत्थान करता है। फिर गूगल के पास एंड्रॉइड है, जो कि एक खुले स्रोतवाला ऑपरेटिंग सिस्टम है और यह मुख्यतः मोबाइल डिवाइसेज के लिए है, जो उनकी क्लाउड सेवाओं के साथ एकीकृत है। 'क्रोम' और 'एंड्रॉइड', दोनों ही मुफ्त हैं और गूगल की खुले स्रोत की संस्कृति की तीक्ष्णता के साथ माइक्रोसॉफ्ट के अपेक्षाकृत स्वामित्ववाले नजरिए से तुलना की जाती है। गूगल अपने ब्राउजर और ओ.एस. के बीच एकीकरण को प्रोत्साहित करता है, ताकि वह अपनी ऑनलाइन सेवाओं पर ट्रैफिक को भेज सके, जिससे कि उसकी आमदनी बढ़े। एंड्राइड भी महज ऑपरेटिंग सिस्टम पर ध्यान केंद्रित करने

की बजाय गूगल की सेवाओं पर ट्रैफिक को भेजकर मूल्य सृजित करता है।

माइक्रोसॉफ्ट को ऑपरेटिंग सिस्टम पर अत्यधिक ध्यान केंद्रित करना छोड़ने और एक अलग रास्ते पर चलने की जरूरत है। नडेला ने तब अपने लक्ष्य पर धमाका कर दिया, जब उन्होंने कहा कि वह नई दुनिया को जुड़े हुए डिवाइसेज, बिग डाटा और क्लाउड सर्विसेज के रूप में देखते हैं और यह समझते हैं कि इस नई दुनिया से राजस्व कैसे जुटाया जा सकता है। इसका आशय यह है कि नडेला को पता है कि माइक्रोसॉफ्ट का भविष्य 'विंडोज' तक सीमित नहीं है, बल्कि मोबाइल क्लाउड और जुड़े हुए डिवाइसेज की दुनिया में है, जिसमें क्लाउड सेवाओं की तुलना में ऑपरेटिंग सिस्टम कम-से-कम प्रासंगिक रह जाएगा। यह भी अहम है कि एक ऐसी दुनिया में, जहाँ एक कंपनी अब अपनी सेवाओं को उपक्रमों और व्यक्तियों के बीच विभाजित नहीं कर सकती है, माइक्रोसॉफ्ट के लिए यही बेहतर होगा कि वह ऐसे क्लाउड सर्विसेज प्लेटफॉर्म की पेशकश करे, जो उपक्रमों को अपनी जरूरत के हिसाब से क्लाउड सेवाएँ तैयार करने दे; जबकि व्यक्तिगत उपभोक्ता माइक्रोसॉफ्ट की क्लाउड सेवाओं का इस्तेमाल कर सकते हैं।

एक ऐसी दुनिया में, जहाँ एक कंपनी अब अपनी सेवाओं को उपक्रमों और व्यक्तियों के बीच विभाजित नहीं कर सकती है, माइक्रोसॉफ्ट के लिए यही बेहतर होगा कि वह ऐसे क्लाउड सर्विसेज प्लेटफॉर्म की पेशकश करे, जो उपक्रमों को अपनी जरूरत के हिसाब से क्लाउड सेवाएँ तैयार करने दे; जबकि व्यक्तिगत उपभोक्ता माइक्रोसॉफ्ट की क्लाउड सेवाओं का इस्तेमाल कर सकते हैं।

एज्योर (Azure) माइक्रोसॉफ्ट की ओर से क्लाउड की मेजबानी करनेवाला (होस्टिंग) प्लेटफॉर्म है। इसके प्रति उपक्रमों ने दिलचस्पी दिखाई है और विकासकर्ताओं ने भी समान रूप से इसे हाथोंहाथ लिया है। अगर माइक्रोसॉफ्ट खुद को क्लाउड सेवाओं के लिए एक मंच के रूप में देखना शुरू कर दे और उपक्रमों एवं विकास करनेवालों को क्लाउड सेवाएँ विकसित करने के लिए सर्वोत्तम साधन एवं मंच प्रदान करने पर ध्यान केंद्रित करे तो यह अगले कुछ वर्षों में क्लाउड सेवाओं का प्लेटफॉर्म बन सकता है और माइक्रोसॉफ्ट की स्थिति ऐसी है कि वह ऐसा करने में सक्षम है। 'ऑफिस 365' को 'एज्योर' और निजी क्लाउड सेवाओं से जोड़ने के लिए सामयिक किया जा सकता है, ताकि आँकड़ों (डाटा) का आदान-प्रदान हो सके, क्लाउड सर्विसेज एप्लीकेशंस को विषय-सामग्री के साथ सामयिक किया जा सके और अन्य उपभोक्ताओं के बीच सूचना देने की सुविधा दी जा सके। 'विंडोज फोन' को तो माइक्रोसॉफ्ट की क्लाउड सेवाओं के साथ और भी मजबूती के साथ एकीकृत किया जा सकता है और 'एज्योर' एवं निजी क्लाउड सेवाओं से जोड़ने के लिए इसमें अंतर्निहित क्षमताएँ प्रदान की जा सकती हैं।

'विंडोज फोन' को तो माइक्रोसॉफ्ट की क्लाउड सेवाओं के साथ और भी मजबूती के साथ एकीकृत किया जा सकता है और 'एज्योर' एवं निजी क्लाउड सेवाओं से जोड़ने के लिए इसमें अंतर्निहित क्षमताएँ प्रदान की जा सकती हैं।

अगर नडेला को 'क्लाउड फर्स्ट' रणनीति पर वाकई दाँव लगाना है तो माइक्रोसॉफ्ट ऐसा कर सकता है कि वह ग्राहक परिचालन प्रणाली (ऑपरेटिंग सिस्टम) और विकास-औजारों (डेवलपमेंट टूल्स) पर

सब्सिडी दे और राजस्व जुटाने के लिए इसकी बजाय 'एज्योर' क्लाउड की मेजबानी करनेवाले प्लेटफॉर्म और क्लाउड सेवाओं के उपयोग के लिए शुल्क ले। एक निःशुल्क परिचालन प्रणाली (OS) के रूप में 'विंडोज' डेस्कटॉप, लैपटॉप, टैबलेट और फोन पर एंड्रॉइड तथा आई.ओ.एस. (IOS) को तगड़ी चुनौती दे सकता है। उपक्रमों में यह विशेष रूप से मजबूत हो जाएगा, क्योंकि माइक्रोसॉफ्ट के मौजूदा आधारभूत ढाँचे (इन्फ्रास्ट्रक्चर) के साथ इसका सुदृढ़ एकीकरण है और संगठन द्वारा प्लेटफॉर्म व डाटा को सुरक्षित करने की योग्यता है। माइक्रोसॉफ्ट के प्लेटफॉर्म पर क्लाउड सेवाओं की जितनी ज्यादा पेशकश की जाएगी, कंपनी को उतना ही अधिक राजस्व हासिल होगा। माइक्रोसॉफ्ट के क्लाउड प्लेटफॉर्म के लिए सर्विसेज तैयार करने में विकासकर्ताओं की दिलचस्पी जगाने में इसलिए निःशुल्क औजार (टूल्स) मुहैया कराना एक आकर्षक रणनीति होगी। यह दृष्टिकोण विकास करनेवालों के साथ उद्यम में माइक्रोसॉफ्ट की ताकतों का उपयोग करता है। साथ ही, कंपनी में जो प्रतिभा पहले से मौजूद है, उसका उपभोक्ता सॉफ्टवेयर के साथ उन्नयन करता है। दरअसल, मौजूदा उत्पादों एवं सेवाओं को 'क्लाउड फर्स्ट' की दिशा में मोड़ने पर ध्यान केंद्रित करने से माइक्रोसॉफ्ट को अपने प्रतियोगियों से अलग दिखने में मदद मिल सकती है और कंपनी

माइक्रोसॉफ्ट के क्लाउड प्लेटफॉर्म के लिए सर्विसेज तैयार करने में विकासकर्ताओं की दिलचस्पी जगाने में इसलिए निःशुल्क औजार (टूल्स) मुहैया कराना एक आकर्षक रणनीति होगी। यह दृष्टिकोण विकास करनेवालों के साथ उद्यम में माइक्रोसॉफ्ट की ताकतों का उपयोग करता है।

को प्रतिभा का नव–प्रवर्तनकारी कंपनी बनाने, जो कि वह कभी था, का मौका मिल सकता है।

नडेला निश्चित तौर पर इस दिशा में काम करते प्रतीत होते हैं। अपनी प्रोन्नति के पहले दो महीनों में ही उन्होंने दिखाया है कि कंपनी के बारे में उनकी दृष्टि विंडोज--केंद्रित माइक्रोसॉफ्ट तक सीमित नहीं है, बल्कि एक ऐसे रूप में है, जो प्रौद्योगिकियों के आर–पार खेले और मंचों के बीच सहक्रियाशीलता का उपयोग करे।

माइक्रोसॉफ्ट आखिरकार एक प्रभावी स्पर्श-केंद्रित अंतराफलक (टच सेंट्रिक इंटरफेस) बनाने के महत्त्व के प्रति जागरूक हुआ है। बामर के दौर में माइक्रोसॉफ्ट ने ऑफिस को आई-पैड और टैबलेट से परे रखा था। संभवतः उसकी कोशिश विंडोज डिवाइसेज के लिए माँग बढ़ाने की थी।

आई–पैड के लिए 'माइक्रोसॉफ्ट ऑफिस' एप्प की नडेला की घोषणा के साथ ही एक नए माइक्रोसॉफ्ट का पहला सबूत सामने आया। हालाँकि यह उत्पाद एकदम सही होने से अभी काफी दूर है, लेकिन इसकी शुरुआत दिखाती है कि माइक्रोसॉफ्ट आखिरकार एक प्रभावी स्पर्श–केंद्रित अंतराफलक (टच सेंट्रिक इंटरफेस) बनाने के महत्त्व के प्रति जागरूक हुआ है। बामर के दौर में माइक्रोसॉफ्ट ने ऑफिस को आई–पैड और टैबलेट से परे रखा था। संभवत: उसकी कोशिश विंडोज डिवाइसेज के लिए माँग बढ़ाने की थी। वह रणनीति कारगर नहीं रही, लेकिन नडेला के हाल के कदम अंतत: एप्पल और एंड्रॉइड डिवाइसेज की सफलता को माइक्रोसॉफ्ट के लिए अवसर के रूप में बदलने में मदद करेंगे, क्योंकि इससे माइक्रोसॉफ्ट अपने सॉफ्टवेयर को अन्य ऑपरेटिंग सिस्टम्स (OS) के जरिए बेच सकेगा।

दूसरा सबूत नडेला की यह घोषणा भी कि विंडोज फोन ओ.एस. लाइसेंस स्मार्ट फोनों और छोटे टैबलेटों के लिए नि:शुल्क होने जा रहा है। 'विंडोज फोन' के लिए नए मोबाइल पार्टनर, जिसमें भारतीय कंपनी 'माइक्रोमैक्स' भी शामिल है, की घोषणा दिलचस्पी का एक अतिरिक्त सबब थी और इस बात का संकेत थी कि जब माइक्रोसॉफ्ट के लिए सहक्रियाशीलताओं और अवसरों को खोजने की बात आती है तो नडेला लोकप्रिय पश्चिमी बाजारों के बाहर भी देखने के प्रति खुले हैं।

आई-पैड के लॉञ्च करने के समय यह बात स्पष्ट हो गई। एप्पल ने आई-पैड अमेरिका में जारी करने के लगभग सालभर बाद इसे भारत में जारी किया।

यह एप्पल के सिर्फ चुनिंदा बाजारों पर ध्यान केंद्रित करने के नजरिये से एकदम विपरीत है। आई–पैड के लॉञ्च करने के समय यह बात स्पष्ट हो गई। एप्पल ने आई–पैड अमेरिका में जारी करने के लगभग सालभर बाद इसे भारत में जारी किया। जब तक आई–पैड भारत आया, तब तक एप्पल अगले प्रतिरूप 'आईपैड 2' को लॉञ्च करने को तैयार था।

इसके अलावा जैमरिन इंक (Xamarin Inc.) के साथ साझेदारी से विकासकर्ताओं को एंड्रॉइड और एप्पल डिवाइसों के लिए एप्स पर विंडोज सॉफ्टवेयर कोड को ज्यादा आसानी से सामंजस्य बनाने का मौका मिलेगा। किसी भी अन्य बात से ज्यादा यह संकेत करता है कि नडेला को प्लेटफॉर्म के बीच कारगर एप्स की भूमिका की कितनी अच्छी समझ और पकड़ है।

अहम टीम को बनाए रखना

> **बामर के पद छोड़ने की घोषणा और नए सी.ई.ओ. के चयन होने तक की प्रक्रिया के दौरान माइक्रोसॉफ्ट के कर्मचारियों के एक बड़े तबके में अपेक्षाकृत अस्थिरता एवं असुरक्षा का भाव था।**

बामर के पद छोड़ने की घोषणा और नए सी.ई.ओ. के चयन होने तक की प्रक्रिया के दौरान माइक्रोसॉफ्ट के कर्मचारियों के एक बड़े तबके में अपेक्षाकृत अस्थिरता एवं असुरक्षा का भाव था। हालाँकि माइक्रोसॉफ्ट के अंदर का ही शख्स नया सी.ई.ओ. बना, इस बात से लोगों को नए बदलाव के साथ तालमेल बनाने में आसानी हो सकती है, लेकिन इसका प्रतिपक्ष भी है। ये वे लोग हैं, जो नडेला जितने ही वरिष्ठ थे और उनके नामों पर भी शीर्ष पद के लिए विचार किया गया होगा, लेकिन वे अंततः सी.ई.ओ. की भूमिका में नहीं आ सके। इसके अलावा, यह भी तथ्य है कि बामर ने कंपनी के पुनर्गठन का जो प्रयास किया था, उसके तहत ज्यादातर कर्मचारी नए प्रबंधकीय ढाँचे के साथ अभी भी सामंजस्य बनाने की कोशिश कर रहे हैं। इन तमाम बातों को मिला दें तो नडेला के लिए माइक्रोसॉफ्ट में नेतृत्व की भूमिका निभाना वाकई चुनौतीपूर्ण है।

कम-से-कम दो शख्स—केबिन टर्नर और टोनी बेट्स, जिन्हें बामर की भूमिका के लिए विचार किया गया था, को सावधानी और संवेदनशीलता के साथ संचालित करने की जरूरत है। साथ-ही-साथ नडेला को उन लोगों के साथ अपने नेतृत्व का दबदबा भी कायम करना होगा, जो कुछ समय पूर्व तक उनके साथ उनकी बराबरी में ही थे।

नडेला को नेतृत्व करनेवाली टीम के वरिष्ठ अधिकारियों के बीच ज्यादा एकजुटता भी विकसित करनी होगी। वजह यह है कि इनमें से

ज्यादातर नए पदों और जिम्मेदारियों को लेकर उथल-पुथल है। इन सब बातों के अलावा, नडेला निदेशक मंडल (बोर्ड ऑफ डायरेक्टर्स) के प्रति जवाबदेह हैं। निदेशक मंडल में ऐसे लोग हैं, जिनकी अपनी सोच है और जिनका विविधतापूर्ण व्यक्तित्व है। इन शख्सियतों में मौजूद चेयरमैन जॉन थॉम्पसन और संस्थापक बिल गेट्स भी शामिल हैं। नडेला के लिए एक प्रमुख चुनौती यह होगी कि वह इन हस्तियों की संयुक्त मानसिक शक्ति और इनके प्रभाव का कितने बेहतर ढंग से उपयोग कर सकते हैं; लेकिन ऐसा करते वक्त उन्हें यह सावधानी भी बरतनी होगी कि उन्होंने अपनी तमाम बातचीत में माइक्रोसॉफ्ट के लिए जिस दीर्घकालीन दृष्टि की बात है, उसके रास्ते में यह आड़े न आए।

नडेला को नेतृत्व करनेवाली टीम के वरिष्ठ अधिकारियों के बीच ज्यादा एकजुटता भी विकसित करनी होगी। वजह यह है कि इनमें से ज्यादातर नए पदों और जिम्मेदारियों को लेकर उथल-पुथल है। इन सब बातों के अलावा, नडेला निदेशक मंडल (बोर्ड ऑफ डायरेक्टर्स) के प्रति जवाबदेह हैं।

अंततः नडेला को सक्रिय निवेशक वैल्यू एक्ट कैपिटल (ValueAct Capital, सैन फ्रांसिस्को आधारित निवेश कंपनी) की मौजूदगी से निपटना होगा। हालाँकि नडेला अभी माइक्रोसॉफ्ट में जो कुछ कर रहे हैं, उनमें से ज्यादातर के पक्ष में ये निवेशक हैं, लेकिन नडेला को किसी अनपेक्षित घटना के लिए भी तैयार रहना होगा।

डायनासोर को नींद से जगाना

"तेज गति से भागती और तेज गति से बदलती इस दुनिया में

महाकाय माइक्रोसॉफ्ट को अपनी निद्रा से जगा दिया गया है और उसे दौड़ लगाने का आग्रह किया जा रहा है। एक अकड़े हुए और घुटे हुए सांगठनिक ढाँचे को फिर से गढ़ा जा रहा है, कल्पनाशील बनाया जा रहा है।'' ये शक्तिशाली शब्द हैं गीतू भटनागर के, जो मार्च 1994 तक 'एंटरप्राइज मार्केटिंग इनिशिएटिव' की कमान सँभाले हुए माइक्रोसॉफ्ट (भारत) के साथ जुड़ी हुई थीं। उनके ये शब्द इंगित करते हैं कि नडेला के शिखर पर रहते हुए माइक्रोसॉफ्ट किस दिशा की ओर अग्रसर है।

कोई भी अकेला कारोबार या नेतृत्वकर्ता परिवर्तन की दिशा या गति को नियंत्रित नहीं कर सकता है या उन 'काले हंसों' का पूर्वानुमान नहीं कर सकता है, जो सावधानीपूर्वक बनाई गई योजना को तार-तार कर सकते हैं।

यह पूछे जाने पर कि नडेला की नियुक्ति से माइक्रोसॉफ्ट के भविष्य और तकनीकी उद्योग पर पड़नेवाले असर के बारे क्या सोचती हैं, तो उन्होंने स्पष्ट कहा, ''कोई भी अकेला कारोबार या नेतृत्वकर्ता परिवर्तन की दिशा या गति को नियंत्रित नहीं कर सकता है या उन 'काले हंसों' का पूर्वानुमान नहीं कर सकता है, जो सावधानीपूर्वक बनाई गई योजना को तार-तार कर सकते हैं। किसी भी संगठन के लिए सर्वोत्तम रणनीति यह होती है कि बदलाव की आँधी में वह फुरती से अपने को सँभालने का सामर्थ्य पैदा करे, अनपेक्षित अवसर को सबसे बढ़िया तरीके से भुनाए या अप्रत्याशित चुनौती का सर्वाधिक तत्परता से सामना करे।''

वाकई, अतीत में माइक्रोसॉफ्ट के साथ मुख्य नुकसानदेह बात यही रही है कि बाजार की बदलती जरूरतों और पसंदों का वह फुरती से पूर्वानुमान नहीं लगा सका है और उसका सामना करने के लिए खुद को

तैयार करने में असमर्थ रहा है। नडेला इस समस्या का एकदम सीधे तौर पर मुकाबला करने को तैयार प्रतीत होते हैं। विभिन्न विभागों के बीच ज्यादा सहयोग के लिए उठाए गए कदमों से समस्या का कुछ समाधान तो निकला है, लेकिन अन्य मसले भी हैं; जैसे—काम का सरलीकरण करना और नोकिया के कारोबार का संगठन के साथ रणनीतिक जुड़ाव और सहक्रियाशीलता का एकीकरण करना। जहाँ अन्य कारोबारी नेताओं ने इस विशाल कार्य से जी चुराया, वहीं नडेला ने शीघ्रता से इस काम को अपनी जिम्मेदारी के रूप में स्वीकार किया है। इस महाकाय सॉफ्टवेयर कंपनी में 18 हजार कर्मचारियों की छँटनी की घोषणा से संकेत मिलता है कि नडेला उन फैसलों को लेने से हिचकेंगे नहीं, जिनका दूरगामी असर माइक्रोसॉफ्ट की बाजार-संचालित कंपनी बनने पर पड़ता है। संगठन के काम करने के तरीके को सरल बनाने से ज्यादा जिम्मेदारी और ज्यादा फुरती लाने में मदद मिलेगी।

नए सी.ई.ओ. नडेला ने 17 जुलाई, 2014 को माइक्रोसॉफ्ट के तमाम कर्मचारियों को भेजे गए नोट में इसे साफ कर दिया गया, ''हम ऊपर से नीचे तक और अगल-बगल प्रबंधन की कम सतहें रखना चाहते हैं, ताकि सूचना-प्रवाह और निर्णय-प्रक्रिया तेज हो।

नए सी.ई.ओ. नडेला ने 17 जुलाई, 2014 को माइक्रोसॉफ्ट के तमाम कर्मचारियों को भेजे गए नोट में इसे साफ कर दिया गया, ''हम ऊपर से नीचे तक और अगल-बगल प्रबंधन की कम सतहें रखना चाहते हैं, ताकि सूचना-प्रवाह और निर्णय-प्रक्रिया तेज हो। इस योजना में यह बात शामिल है कि संगठनों को चौकस किया जाए और लोगों पर मैनेजरों के नियंत्रण को बढ़ाया जाए। इसके अतिरिक्त, हमारी कारोबारी प्रक्रियाएँ एवं समर्थन प्रतिरूप ज्यादा छरहरे

एवं सक्षम होंगे और टीमों के बीच ज्यादा भरोसा होगा।''

यह घोषणा करना अपने आप में आसान काम था, लेकिन इसे लागू करना एक बड़ी चुनौती बनने वाला है। यह सुनिश्चित करना कि मीडिया और शेयर बाजार इसे बुरी खबर का सूचक समझने की बजाय एक सकारात्मक बदलाव के रूप में देखे, एक महत्त्वपूर्ण काम था। बराबर के महत्त्व की बात यह भी थी कि संगठन के विशाल स्टाफ ने इस फैसले को किस तरह देखा? अपनी खास शैली में ऐसा लगता है कि इन सवालों के उठने के पूर्व ही नडेला ने इस पर सोच-विचार कर लिया था। मीडिया मोटे तौर पर इस छँटनी को बहाना बनाकर माइक्रोसॉफ्ट पर धौंस जमाने से बचा है, जो कि वह बामर के समय में ऐसा किए जाने पर कर सकता था। दरअसल, मीडिया के बहुमत ने इस फैसले के बारे में सकारात्मक प्रतिक्रिया दी है। शेयर बाजार, जो कि बामर का प्रतिरोधी था, नडेला के शिखर पर आने के बाद से क्रमशः चढ़ता जा रहा है। नौकरियों में कटौती की घोषणा से यह एक दर्जा ऊपर ही चढ़ा, जिससे यह प्रतिबिंबित हुआ कि नडेला किस पारदर्शिता और अकाट्यता से काम करते हैं।

शेयर बाजार, जो कि बामर का प्रतिरोधी था, नडेला के शिखर पर आने के बाद से क्रमशः चढ़ता जा रहा है। नौकरियों में कटौती की घोषणा से यह एक दर्जा ऊपर ही चढ़ा, जिससे यह प्रतिबिंबित हुआ कि नडेला किस पारदर्शिता और अकाट्यता से काम करते हैं।

लोगों के मोर्चे पर उन्होंने सतर्कता दिखाई है कि नोकिया के पूर्व सी.ई.ओ. और अब माइक्रोसॉफ्ट के डिवाइसेज बिजनेस के प्रमुख स्टीफन इलॉप छँटनी के मसले पर उनके साथ रहें।

यह बात तब महत्त्वपूर्ण हो जाती है, जब कोई यह महसूस करता है

कि जिन 18 हजार कर्मचारियों की छँटनी की योजना बनाई गई है, उनमें से 12.5 हजार तो नोकिया के डिवाइसेज और सर्विसेज बिजनेस से हैं। इलॉप को भरोसे में रखने से स्टाफ को जो झटका लगा, खासकर इलॉप की टीम के कर्मचारियों को, उसे निरस्त करने में नडेला को मदद मिली। नडेला ने इस बदलाव के द्वारा प्रभावित होनेवाले तमाम कर्मचारियों को संबंध-विच्छेद की क्षतिपूर्ति करने का संकल्प जताया है और नौकरी के संक्रमणों में उनकी मदद करने का भी भरोसा दिलाया है। यह नडेला के पक्ष में एक और अच्छी बात है।

नडेला की ओर से संदेश साफ है—हर कर्मचारी को अपनी योग्यता के मुताबिक सम्मान मिलेगा।

नडेला की ओर से संदेश साफ है—हर कर्मचारी को अपनी योग्यता के मुताबिक सम्मान मिलेगा। फिर भी, नए सी.ई.ओ. ऐसी किसी भी चीज को सहन नहीं करेंगे, जो खतरनाक गति से विकसित हो रहे प्रौद्योगिकी उद्योग में विशालकाय माइक्रोसॉफ्ट को छरहरा होकर अपने पैरों पर खड़ा होने के रास्ते में आड़े आएगी।

□

भाग–5

अगला कदम

"मैं यह कहूँगा कि पहली चीज जो मैं करना चाहता हूँ और जिस पर अपना ध्यान केंद्रित करना चाहता हूँ, वह यह कि मैं निर्ममता से ऐसी किसी भी बाधा को हटाना चाहता हूँ, जो हमें नव-प्रवर्तन करने से रोकती है और इसके बाद उस नव-प्रवर्तन को उन चीजों में लगाने पर ध्यान केंद्रित करना चाहता हूँ, जिन्हें माइक्रोसॉफ्ट अनूठे ढंग से कर सकता है।"[14]

❖ ❖ ❖

कई लोगों की राय है कि नडेला को अपने पूर्ववर्ती द्वारा एक ऐसा माइक्रोसॉफ्ट उत्तराधिकार में मिला, जो एकदम अस्त-व्यस्त हालत में था। यह एकदम सही नहीं है। निश्चित तौर पर ऐसी चीजें थीं, जिन्हें बामर बेहतर ढंग से कर सकते थे। वह प्रौद्योगिकी के उपभोक्ताकरण से संपर्क में रह सकते थे और कंपनी के शेयर के गिरते भाव का संज्ञान ले सकते थे। फिर भी, उन्होंने नडेला को उत्तरदान में एक ऐसी कंपनी सौंपी, जिसके पास अपने किसी भी प्रतिस्पर्धी की तुलना में ज्यादा फंड था और जिसके पास प्रतिभा का भंडार था, जो उन्हें सही दिशा में ले जानेवाले नेतृत्वकर्ता का इंतजार कर रहा था।

---

14. सी.ई.ओ. बनने के बाद स्टीव क्लेटॉन को रेडमंड में दिए गए अपने पहले इंटरव्यू में।

हालाँकि अभी यह आँकना जल्दबाजी होगी कि नडेला ने अभी तक क्या हासिल किया है या भविष्य में वह क्या कर सकते हैं या नहीं कर सकते हैं; लेकिन रेडमंड से जो शुरुआती संकेत निकले हैं, वे उन लोगों के लिए अच्छे हैं, जो एक वक्त में नव-प्रवर्तन में अगुआ रहनेवाली कंपनी को फिर से इस उद्योग के प्रमुख खिलाड़ियों के बीच यथोचित स्थान पाता देखना चाहते हैं।

नडेला ने सैन फ्रांसिस्को में हाल में आयोजित 'बिल्ड' (निर्माण) सम्मेलन में पहले ही प्रदर्शित कर दिया है कि 'मोबाइल फर्स्ट, क्लाउड फर्स्ट' की अपनी घोषणा के हरेक शब्द को लेकर वह गंभीर हैं।

नडेला ने सैन फ्रांसिस्को में हाल में आयोजित 'बिल्ड' (निर्माण) सम्मेलन में पहले ही प्रदर्शित कर दिया है कि 'मोबाइल फर्स्ट, क्लाउड फर्स्ट' की अपनी घोषणा के हरेक शब्द को लेकर वह गंभीर हैं।

अपनी नई भूमिका में आने के कुछ महीनों के अंदर ही उन्होंने कार्यकारी टीम के सदस्यों का जिस तरह से फेर-बदल किया है, उससे यह साफ है कि नेतृत्वकारी फैसले लेने में वह कतई हिचकनेवाले नहीं हैं। विंडोज एज्योर (Windows Azure) और 'ऑफिस 365' में निवेश करना स्वागत योग्य कदम है। प्लेटफॉर्मों के बीच सहक्रियाशीलता के पुनरुत्थान को देखकर ऐसा लगता है कि आखिरकार लंबे इंतजार के बाद रेलगाड़ी घरघराती हुई स्टेशन पर पहुँच गई हो।

आई-पैड के लिए 'ऑफिस' की शुरुआत करने की घटना के बाद वर्ज (Verge) पत्रिका के कैसी न्यूटन ने वर्णन किया था कि माइक्रोसॉफ्ट का भविष्य काम और खेल के बीच के चौराहे पर लेटा हुआ है । यह इस वक्त सरगर्म क्षेत्र है और उपभोक्ताओं व उपक्रमों,

दोनों के लिए बेहद लोकप्रिय हो सकता है। दुनिया भर में सात में से एक शख्स 'ऑफिस' का इस्तेमाल करता है। उपभोक्ताओं को अपने घर में और आई-पैड पर वैसा ही अनुभव प्रदान करना, जैसा वे अपने डेस्कटॉप या लैपटॉप पर करते हैं, वाकई एकदम सटीक तसवीर होगी, जिसकी माइक्रोसॉफ्ट को जरूरत है।

जो बात हर किसी के दिमाग में है, उसे मेटलाइफ के कुश कामरा अपने शब्दों में व्यक्त करते हैं, "इस वक्त हर कोई यही सोच रहा है कि पिछले दशक में चीजें जिस तरह से की गईं, उसकी तुलना में नडेला अलग हटकर करने जा रहे हैं। मगर सबसे बड़ी बाधा पुराने दिनों में लौटना हो सकता है, इसलिए नहीं कि वे कारगर थे, बल्कि इसलिए कि परंपरा ऐसी बन गई या यह सोचना कि बदल रहे ग्राहक प्रतिमान के नजदीक हुए बिना वे नेतृत्व करने की स्थिति में आ जाएँगे। मेरे विचार में नडेला के प्रति यही कहना उचित होगा कि वह उस तरह के शख्स नहीं हैं, जो इनमें से कोई भी गलती करेंगे।"

नडेला को माइक्रोसॉफ्ट के कर्मचारियों में उत्साह, विश्वास और साहस का फिर से संचार करना होगा, ताकि वे फिर सपने देख सकें। माइक्रोसॉफ्ट के पास ऐसे बेहतरीन लोग हैं, जो उसके लिए काम कर रहे हैं; लेकिन हाल में गूगल द्वारा दुनिया का नेतृत्व झपट लेने से इसमें सेंध लग गई है।

पार्थसारथी इस बात को बड़ी सफाई से रखते हैं, "नडेला को माइक्रोसॉफ्ट के कर्मचारियों में उत्साह, विश्वास और साहस का फिर से संचार करना होगा, ताकि वे फिर सपने देख सकें। माइक्रोसॉफ्ट के पास ऐसे बेहतरीन लोग हैं, जो उसके लिए काम कर रहे हैं; लेकिन हाल में गूगल द्वारा दुनिया का नेतृत्व

झपट लेने से इसमें सेंध लग गई है। नडेला को उनमें यह भरोसा पैदा करना होगा कि वे उपभोक्ता के पक्ष में एप्पल और गूगल से प्रतिस्पर्धा कर सकते हैं और सफल हो सकते हैं, और उपक्रम-पक्ष में अमेजन को टक्कर दे सकते हैं। बहरहाल, इन दो क्षेत्रों में मैदान मारना आसान काम नहीं है।''

नडेला एक बहुत ही जमीनी आदमी हैं। नेतृत्वकारी उदाहरणों के लिए वह कोई नमूना प्रत्याशी नहीं रहे हैं। अधिकतर लोग यही सोचेंगे कि जो शख्स यह कहता हो कि वह कविता और क्रिकेट से प्यार करता है, वह पहली नजर में ऐसा आदमी नहीं हो सकता है, जो मुश्किलों में घिरी माइक्रोसॉफ्ट जैसी कंपनी का नेतृत्व करते हुए उसे उज्ज्वल भविष्य प्रदान करे। बहरहाल, जब नडेला कहते हैं कि ''सबसे बढ़िया कोड कविता है'' और जब आप देखते हैं कि उन्होंने अपने स्कूल के दिनों में खेले गए क्रिकेट से सीखे गए नेतृत्व के पाठों को किस तरह माइक्रोसॉफ्ट में लागू किया है, तो आप उनके व्यक्तित्व को संपूर्णता में देखने लगते हैं। यह एकदम साफ-साफ दिखाता है कि कविता और क्रिकेट के प्रेमी के पास अपने माहौल के अनुरूप लौह इच्छा-शक्ति और तेज धारवाला दिमाग है, जिसे

मैं ऐसी किसी भी बाधा को निर्ममता से हटाना चाहता हूँ, जो हमें नव-प्रवर्तन करने की इजाजत नहीं देती। और फिर उस नई खोज को उन चीजों पर केंद्रित करना चाहता हूँ, जिसे माइक्रोसॉफ्ट अनूठे ढंग से कर सकता है। वह है, ऐसे उत्पादकता एप्स का चयन करना, जो अपने क्षेत्र में अद्वितीय हों और उन एप्स को उनकी उन क्लाउड सर्विसेज के साथ जोड़ना, जिन पर अनेक उपक्रम भरोसा करें।

महज शब्दों में व्यक्त करना मुश्किल है। सी.ई.ओ. बनने के बाद शुरुआत में उन्होंने जो बयान दिए, उनमें से एक इसे भलीभाँति दर्शाता है, "पहली चीज जो मैं करना चाहता हूँ और जिस पर ध्यान केंद्रित करना चाहता हूँ, वह यह कि मैं ऐसी किसी भी बाधा को निर्ममता से हटाना चाहता हूँ, जो हमें नव-प्रवर्तन करने की इजाजत नहीं देती। और फिर उस नई खोज को उन चीजों पर केंद्रित करना चाहता हूँ, जिसे माइक्रोसॉफ्ट अनूठे ढंग से कर सकता है। वह है, ऐसे उत्पादकता एप्स का चयन करना, जो अपने क्षेत्र में अद्वितीय हों और उन एप्स को उनकी उन क्लाउड सर्विसेज के साथ जोड़ना, जिन पर अनेक उपक्रम भरोसा करें।"

अगर उनके शुरुआती दिनों के संकेतों को ध्यान में रखें तो हैदराबाद का यह शख्स वास्तव में किसी की अपेक्षा से ज्यादा परिणाम दे सकता है। ऐसे लोग हैं, जो आशा करते हैं कि वे ऐसे बड़े बदलाव करेंगे, जिससे लोगों का भरोसा बहाल होगा कि 'माइक्रोसॉफ्ट' क्या नतीजा दे सकती है? इससे 'माइक्रोसॉफ्ट' के शेयर के भाव, जो तकरीबन एक दशक से अपेक्षाकृत स्थिर बना हुआ है, को नितांत आवश्यक तेजी मिलेगी।

इसमें कोई शक नहीं कि इसके लिए बहुत कुछ करने और बहुत कुछ सीखने की जरूरत होगी, लेकिन इस उद्योग पर नजर रखनेवालों को थोड़ा भी संदेह नहीं है कि नडेला पूरे आत्मविश्वास के साथ काम करेंगे और वांछित नतीजे देंगे। आखिरकार यह वही शख्स हैं, जिन्होंने कहा, "अगर आप सीखते नहीं हैं तो आप उपयोगी चीजें करना बंद कर देते हैं।"

□

सत्य नडेला के प्रेरक विचार

यदि आपके पास जोखिम लेनेवाली संस्कृति होगी, तो आप वास्तव में हर विफलता को विफलता के रूप में नहीं देख सकते। आपको सीखने के अवसर के रूप में विफलता को देखने में सक्षम होना चाहिए।

❖ ❖ ❖

यह एक सॉफ्टवेयर संचालित दुनिया है।

❖ ❖ ❖

यह उद्योग और माइक्रोसॉफ्ट के लिए एक महत्त्वपूर्ण समय है। कोई गलती न करें, हम बड़े स्थानों के लिए आगे बढ़ रहे हैं। जैसे-जैसे तकनीक विकसित होती है और हम इसके साथ आगे बढ़ते हैं। हमारा काम यह सुनिश्चित करना है कि माइक्रोसॉफ्ट मोबाइल और क्लाउड-प्रथम दुनिया में उभरता रहे।

❖ ❖ ❖

इस तरह से मैं अपने जीवन को मापता हूँ, 'क्या मैं पिछले साल की तुलना में बेहतर हूँ?'

❖ ❖ ❖

प्रतियोगिता कोई हमें खा नहीं जाएगी।

❖ ❖ ❖

कई कंपनियाँ दुनिया को बदलने की इच्छा रखती हैं। लेकिन इसके लिए अनेक तत्त्वों की आवश्यकता है—प्रतिभा, संसाधन और दृढ़ता। माइक्रोसॉफ्ट ने साबित कर दिया है कि इसमें तीनों बहुतायत में मौजूद हैं।

❖ ❖ ❖

मुझे मेरी जिज्ञासा और सीखने की ललक की वजह से पहचाना जाता है।

❖ ❖ ❖

मुझे किताबें खरीदने का जुनून है, चाहे उन्हें पूरी न पढ़ सकूँ तो भी। इसी प्रकार ज्यादा ऑनलाइन पाठ्यक्रमों के लिए साइन अप करता हूँ, चाहे कंपलीट न कर पाऊँ। मैं मूल रूप से मानता हूँ कि यदि आप नई चीजें नहीं सीख रहे हैं तो आप महान् और उपयोगी चीजें करना बंद कर देते हैं। तो ज्ञान के लिए परिवार, जिज्ञासा और भूख सब मुझे परिभाषित करते हैं।

❖ ❖ ❖

मैं हर दिन आश्चर्य करता हूँ कि लोग कैसे उत्कृष्टता प्राप्त कर सकते हैं; और यही वह है, जो वास्तव मुझमें है।

❖ ❖ ❖

मेरा मानना है कि पुरुषों और महिलाओं के समान कार्य के लिए समान भुगतान किया जाना चाहिए।

❖ ❖ ❖

मेरा सत्य पर भरोसा है कि हममें से प्रत्येक को अपने कार्य में महत्त्व मिलना चाहिए। सबसे अच्छा काम तब होता है, जब आप जानते

हैं कि यह सिर्फ काम नहीं है, बल्कि कुछ ऐसा है, जो अन्य लोगों के जीवन में सुधार लाएगा।

❖ ❖ ❖

मेरे काम का एक बड़ा हिस्सा हमारी क्षमता को तेज करना है, ताकि हम हमारे ग्राहकों को नवीन उत्पाद और अधिक तेजी से दे सकें।

❖ ❖ ❖

बिजनेस और यूजर्स केवल तभी टेक्नोलॉजी का उपयोग करते हैं, जब वे इस पर भरोसा करते हों।

❖ ❖ ❖

किसी भी स्थान की संस्कृति आपके पूरे प्लान पर पानी फेर सकती है।

❖ ❖ ❖

किसी और की तरह मैं जो कुछ करता हूँ और जो मुझे लगता है; उसे मेरे परिवार और मेरे समग्र जीवन-अनुभव ने आकार प्रदान किया गया है। जो लोग मुझे जानते हैं, वे कहते हैं कि मुझे सीखने के लिए मेरी जिज्ञासा और प्यास भी परिभाषित करते हैं।

❖ ❖ ❖

हम सभी ढेर सारा वक्त कार्य करने में बिताते हैं, न कि उस कार्य को करने की गहरी वजह जानने में।

❖ ❖ ❖

हम सभी को अपने काम को करने की सच्ची वजह पता करनी चाहिए। सबसे बढ़िया काम तभी होता है, जब हम यह जानते हों कि यह काम ही नहीं बल्कि कुछ ऐसा है, जो दूसरों की जिंदगी में सुधार

लाने के लिए मददगार होगा।

❖ ❖ ❖

हमारी इंडस्ट्री पुराने ढर्रे पर नहीं चलती है, यह नए आविष्कारों की वजह से चलती है।

❖ ❖ ❖

हमारी महत्त्वाकांक्षाएँ उच्च हैं और इसलिए हमारी संस्कृति को बदलने और विकसित करने की हमारी इच्छा बलवती होनी चाहिए।

❖ ❖ ❖

हमारा उद्योग परंपरा का सम्मान नहीं करता है, यह केवल नवाचार का सम्मान करता है।

❖ ❖ ❖

भावुक और साहसी बनें। हमेशा सीखते रहें। यदि आप नहीं सीखते तो उपयोगी चीजें करना बंद कर देते हैं।

❖ ❖ ❖

सबकुछ क्लाउड और डेटा से जुड़नेवाला है और ये सभी केवल सॉफ्टवेयर द्वारा संचालित हो पाएँगे।

❖ ❖ ❖

सबसे अच्छा कोड कविता है।

❖ ❖ ❖

सारे मौके जो मुझे मिलते; मैं इसे सीखने की भावना से लेता हूँ।

तकनीकें आती हैं और जाती हैं, इसलिए आपको प्रश्न पूछने और जवाब देने में सक्षम होना चाहिए; आप कंपनी के रूप में क्या करते हैं, आप क्यों मौजूद हैं?

जब मैं अपने कॅरियर के बारे में सोचता हूँ; तो मेरी सफलता की नींव असफलता से सीख लेने से बनी है।

❖ ❖ ❖

जुनूनी, उपयोगी चीजें सीखना जारी रखें।

❖ ❖ ❖

आप कुछ ऐसा करने की कोशिश कर रहे हैं, जिसे गद्य के कई वाक्यों और पृष्ठों में वर्णित किया जा सकता है, लेकिन आप इसे कविता की दो पंक्तियों में परिवर्तित कर सकते हैं और वही सार होता है, और इसलिए यह सार-तत्त्व है।

❖ ❖ ❖

आप हर दिन खुद को एक नए रूप में परिवर्तित होते देखते हैं। कभी आप कामयाब होते हैं और कभी नहीं; लेकिन इसका प्रभाव आप पर जरूर दिखाई देता है।

❖ ❖ ❖

ग्रह पर हर व्यक्ति और हर संगठन को सशक्त बनाने का हमारा मिशन वास्तव में माइक्रोसॉफ्ट के निर्माण का मूलाधार है।

□□□